Boxhofer · Huber · Lischka · Panhub

mathe matiX

Übungen

2

VERITAS

Gemeinsam besser lernen

Verwendetes Symbol

Diese Aufgaben eignen sich besonders für Paar- oder Gruppenarbeit.

Mit Bescheid des Bundesministeriums für Unterricht, Kunst und Kultur vom 08.08.13 GZ 5.050/0066–B/8/2012 für den Unterrichtsgebrauch an Hauptschulen und allgemein bildenden höheren Schulen für die 2. Klasse im Unterrichtsgegenstand Mathematik - auch bezüglich Kompetenzorientierung und Bildungsstandards - geeignet erklärt.

Schulbuchnummer mathematiX 2. Übungen: **165.129**

Dieses Werk wurde auf Grundlage eines zielorientierten Lehrplans verfasst. Konkretisierung, Gewichtung und Umsetzung der Inhalte erfolgen durch die Lehrerinnen und Lehrer.

Liebe Schülerin, lieber Schüler,
du bekommst dieses Schulbuch von der Republik Österreich für deine Ausbildung. Bücher helfen nicht nur beim Lernen, sondern sind auch Freunde fürs Leben.

Für weitere Informationen steht Ihnen gerne Ihre VERITAS-Kundenberatung zur Verfügung.
Rufen Sie einfach an, schicken Sie ein Fax oder ein E-Mail!
Tel: 0043/(0)732/776451/2280, Fax: 0043/(0)732/776451/2239
E-Mail: kundenberatung@veritas.at
Besuchen Sie uns auf unserer Website www.veritas.at

1. Auflage (2013)

Gedruckt in Österreich auf umweltfreundlich hergestelltem Papier

Lektorat: Ilse Persy
Herstellung, Umschlaggestaltung und Layout: Irene Demelmair
Bildredaktion: Nina Autengruber
Illustrationen: Graham Wiseman, Salzburg
Satz: satz@wolkerstorfer.at
Umschlagfotos: iStockphoto/Jim Kruger; Fotolia.com/Ruslan Semichev
Schulbuchvergütung/Bildrechte: © VBK/Wien
Alle Ausschnitte mit Zustimmung der VBK/Wien

ISBN 978-3-7058-9510-2

Inhaltsverzeichnis

Teilbarkeit 1

Level 1

H1 H2 **1** Nenne die Vielfachen der gegebenen Zahlen, die zwischen 30 und 60 liegen:

7: ____________ 11: ____________

6: ____________ 5: ____________

12: ____________ 15: ____________

H1 H2 **2** Schreib die Teilermenge folgender Zahlen auf:

zB $T_{30} = \{1, 2, 3, 5, 6, 10, 15, 30\}$

T_{24}: ____________ T_{40}: ____________

T_{15}: ____________ T_{20}: ____________

T_{18}: ____________ T_{32}: ____________

H1 H2 **3** Notiere die Menge der ersten sieben Vielfachen der Zahl.

V_4: ____________ V_8: ____________

V_3: ____________ V_9: ____________

H1 H2 **4** Die Lehrerin legt 12 Bonbons auf den Tisch und stellt die Frage: „Unter wie vielen Kindern kann ich diese Menge so aufteilen, dass jedes Kind gleich viele Bonbons erhält und keines übrig bleibt?"

Kreuze die Anzahlen der Kinder an, für die dies möglich ist:

Fotolia.com/demarco

☐ 1 ☐ 2 ☐ 3 ☐ 4 ☐ 5 ☐ 6 ☐ 7 ☐ 8 ☐ 9 ☐ 10 ☐ 11 ☐ 12

H1 H3 **5** Nenne jeweils 5 zweistellige Zahlen, die durch die angegebene Zahl teilbar sind:

zB teilbar durch 4: 12, 20, 28, 32, 36

teilbar durch 2: ____________

teilbar durch 5: ____________

teilbar durch 3: ____________

teilbar durch 9: ____________

K H1 H3 K2 **6** a) Welche Zahlen zwischen 30 und 50 sind durch 8 teilbar? ____________

b) Welche Zahlen zwischen 40 und 70 sind durch 9 teilbar? ____________

c) Welche Zahlen zwischen 30 und 40 sind durch 3 teilbar? ____________

d) Welche Zahlen zwischen 20 und 30 sind durch 4 teilbar? ____________

K I1 H1 H3 K3 **7** Kreuze an, ob die Aussagen richtig oder falsch sind.

	richtig	falsch
a) 12 ist ein Teiler von 30.	☐	☐
b) 56 ist ein Vielfaches von 9.	☐	☐
c) Jede Zahl hat mindestens zwei Teiler.	☐	☐
d) Jede Zahl hat unendlich viele Vielfache.	☐	☐

H1 H2 **8** a) Kreuze jene Zahlen an, die durch 2 teilbar sind:

☐ 392 ☐ 837 ☐ 205 ☐ 488 ☐ 510

b) Kreuze jene Zahlen an, die durch 5 teilbar sind:

☐ 491 ☐ 105 ☐ 620 ☐ 827 ☐ 739

H1 H3 **9** a) Kreuze jene Zahlen an, die durch 3 teilbar sind:

☐ 392 ☐ 837 ☐ 205 ☐ 488 ☐ 510

b) Kreuze jene Zahlen an, die durch 9 teilbar sind:

☐ 491 ☐ 105 ☐ 620 ☐ 837 ☐ 739

H1 H3 **10** Setze das Zeichen $\mid$ oder $\nmid$ (teilt oder teilt nicht) entsprechend ein.

a)	b)	c)	d)
5 ☐ 832	2 ☐ 762	3 ☐ 524	10 ☐ 940
5 ☐ 670	2 ☐ 477	3 ☐ 777	10 ☐ 759
5 ☐ 125	2 ☐ 834	3 ☐ 123	10 ☐ 520

H1 H3 **11** Nenne jeweils 5 dreistellige Zahlen, die durch die angegebene Zahl teilbar sind:

teilbar durch 2: ______________________

teilbar durch 5: ______________________

teilbar durch 3: ______________________

teilbar durch 9: ______________________

H1 H2 **12** Klaus sagt: „12 Spielerinnen und Spieler ergeben eine tolle Gruppengröße, da können wir 2er-, 3er-, 4er- oder 6er-Gruppen bilden und niemand bleibt übrig."
Überlegt gemeinsam, ob ihr weitere „günstige Gruppengrößen" kennt, die viele Teiler haben.

Zahl	Teiler
12	1, 2, 3, 4, 6, 12

K H1 H2 H3 **13** Kreuze an, ob die Aussagen richtig oder falsch sind.

	richtig	falsch
a) Jede gerade Zahl ist durch 2 und 4 teilbar.	☐	☐
b) Wenn eine Zahl durch 10 teilbar ist, ist sie auch durch 5 teilbar.	☐	☐
c) Jede Zahl, die durch 3 teilbar ist, ist auch durch 9 teilbar.	☐	☐
d) Jede ungerade Zahl ist durch 3 teilbar.	☐	☐

Formuliere falsch angekreuzte Aussagen in richtige Aussagen um.

H1 H4 **14** Nenne 5 Zahlen, die nur durch 1 und sich selbst teilbar sind und begründe deine Überlegungen.

H1 H3 **15** a) Kreuze jene Zahlen an, die durch 4 teilbar sind:

☐ 332 ☐ 837 ☐ 204 ☐ 488 ☐ 510

b) Kreuze jene Zahlen an, die durch 25 teilbar sind:

☐ 475 ☐ 105 ☐ 620 ☐ 825 ☐ 700

H1 H2 **16** Setze das Zeichen | oder ∤ entsprechend ein.

		2	3	4	5	6	9	25
a)	12 560							
b)	684							
c)	836 594							
d)	4 763							

H1 H2 H3 **17** Die Zahl 75 ist durch 5 teilbar, ebenso die Zahl 35.
Stellt gemeinsam fest, ob auch die Summe und das Produkt dieser beiden Zahlen durch 5 teilbar sind und schreibt eure Überlegungen auf.

H1 H3 **18** Die Zahl 402 ist durch 3 teilbar, ebenso die Zahl 87.
Überlegt gemeinsam, ob auch die Summe und die Differenz dieser beiden Zahlen durch 3 teilbar sind.

H1 H3 **19** Nenne jeweils 5 dreistellige Zahlen, die durch die angegebene Zahl teilbar sind:

teilbar durch 4: ____

teilbar durch 25: ____

teilbar durch 100: ____

teilbar durch 8: ____

K H1 H2 H4 K2 **20** Beantworte folgende Aussagen und begründe deine Antwort.

a) Woran erkenne ich, dass 3 772 nicht durch 5 teilbar ist?

b) Woran erkenne ich, dass 785 nicht durch 3 teilbar ist?

c) Woran erkenne ich, dass 1 755 nicht durch 25 teilbar ist?

H1 H2 H4 **21** Ergänze die fehlende Ziffer, sodass die Aussage stimmt:

a) 3 | 3 ☐ 7 b) 5 | 48 ☐ c) 9 | 7 ☐ 1 d) 6 | 5 ☐ 8

3 | ☐ 54 5 | 3 ☐ 5 9 | ☐ 55 6 | ☐ 74

H1 H2 **22** Setze das Zeichen | oder ∤ (teilt oder teilt nicht).

		2	3	4	5	6	9	25
a)	498							
b)	859 487							
c)	10 758 000							
d)	38 764							

Level 2

H1 H3 **23** Richtig oder falsch?

	richtig	falsch
a) Eine Zahl, die durch 6 teilbar ist, ist auch durch 12 teilbar.	☐	☐
b) Die Summe von drei aufeinanderfolgenden Zahlen ist durch 3 teilbar.	☐	☐
c) 100 ist durch 2, 4, 5, 10, 20, 25 und 50 teilbar.	☐	☐

H1 H3 **24** Ein Kalenderjahr, das durch 4 teilbar ist, nennen wir Schaltjahr. 2012 war ein Schaltjahr. Überlegt zu zweit, wie die kommenden drei Schaltjahre lauten.

____

H1 H3 **25** Setze das Zeichen | oder ∤.

a) 15 ☐ 1840 b) 18 ☐ 2 400 c) 12 ☐ 350

15 ☐ 275 18 ☐ 750 12 ☐ 935

15 ☐ 3 247 18 ☐ 1 286 12 ☐ 8 344

15 ☐ 150 18 ☐ 2 340 12 ☐ 168

H1 H2 H3 **26** Nenne jeweils 5 dreistellige Zahlen, die durch die angegebene Zahl teilbar sind:

zB teilbar durch 25: 150, 225, 375, 400, 725

teilbar durch 12: ______________________________

teilbar durch 15: ______________________________

teilbar durch 6: ______________________________

teilbar durch 18: ______________________________

K H1 K2 **27** Formuliere die Teilbarkeitsregeln für 6, 12, 15 und 18.

6: ______________________________

12: ______________________________

15: ______________________________

18: ______________________________

H2 **28** Rechne in der Zeile.

a) 25,4 + 19,8 = ______ b) 23,6 – 12,5 = ______

c) 28,9 + 27,3 = ______ d) 78,3 – 29,6 = ______

H2 **29** Ergänze fehlende Nullen und berechne anschließend die Summe.

a)	b)	c)
37,8	66,97	392,4
28,57	20,08	82,571
7,1	9,2	90,28

H2 **30** Schreib stellenwertrichtig untereinander und berechne die Summe oder Differenz.

a) 57,8 + 21,56 + 9,4 = b) 87,3 – 14,98 =

zB 682,4 – 87,24 =

682,40
– 87,24
595,16

H1 **31** Richtig oder falsch? Kreuze an:

	richtig	falsch
a) Das Ergebnis der Addition heißt Differenz.	☐	☐
b) Für die Addition gilt das Kommutativgesetz.	☐	☐
c) Wenn Faktoren multipliziert werden, dann entsteht eine Summe.	☐	☐
d) Der Minuend wird vom Subtrahenden abgezogen.	☐	☐
e) Das Ergebnis der Division heißt Quotient.	☐	☐

K I1 H2 K1 **32** Wandle zuerst in eine gemeinsame Einheit um und berechne dann.

a) 3 m 24 cm + 2,8 m = b) 6,38 km – 452 m =

c) 0,63 m + 25,3 m + 7,5 dm = d) 28 m 4 cm – 1,3 m =

H2 **33** a) 26,4 · 10 = b) 267,1 · 100 = c) 45,9 · 1 000 =

0,76 · 10 = 98,03 · 100 = 8,38 · 1 000 =

H2 **34** Mit welcher Zahl wurde multipliziert? Kreuze in der entsprechenden Spalte an.

		· 10	· 100	· 1000	· 10 000
a)	2,45 · x = 245				
b)	0,081 · x = 0,81				
c)	4,17 · x = 41,70				
d)	30,791 · x = 3 079,1				
e)	0,082 · x = 820				

Level 1

H2 H3 **35** Welche Überschlagsrechnung (ÜR) passt am besten? Kreuze richtig an.

a) 57,2 · 81,5 ☐ ÜR: 60 · 80 ☐ ÜR: 50 · 80 ☐ ÜR: 60 · 85

b) 229,28 · 382,7 ☐ ÜR: 300 · 400 ☐ ÜR: 200 · 400 ☐ ÜR: 229 · 380

c) 0,52 · 45,9 ☐ ÜR: 1 · 45 ☐ ÜR: 0 · 50 ☐ ÜR: 1 · 40

H2 **36** Ergänze die Multiplikationstabellen:

a)

·	3	5	7	10
1,1				
1,5				
0,8				

b)

·	0,2	0,3	0,8	0,01
4				
10				
50				

K I1 H1 H2 K1 **37** Nur bei einer der folgenden Divisionen bleibt Rest. Kreuze sie an.

☐ a) 36,6 : 3 = ☐ b) 352,7 : 2 =

☐ c) 623,4 : 6 = ☐ d) 75,2 : 8 =

H1 H2 **38** Conny wiegt um 3,7 kg weniger als ihre Nichten Romana (23,2 kg) und Regina (36,3 kg) zusammen.
Wie schwer ist sie?

H1 H2 **39** Armin hat Wanderschuhe, Jause, Regenbekleidung, Fotoapparat und einen halben Liter Mineralwasser in seinen Rucksack eingepackt. Die Wanderschuhe wiegen ungefähr ein halbes kg, die Regenjacke ist ganz leicht, sie wiegt nur 0,25 kg. Jause und Fotoapparat wiegen je 35 dag.
Wie schwer ist Armins Rucksack mindestens?

H2 **40** Ergänze den Zahlenturm.
Bilde nach oben die Summe und nach unten die Differenz.
Einige Aufgaben sind schon ausgerechnet.

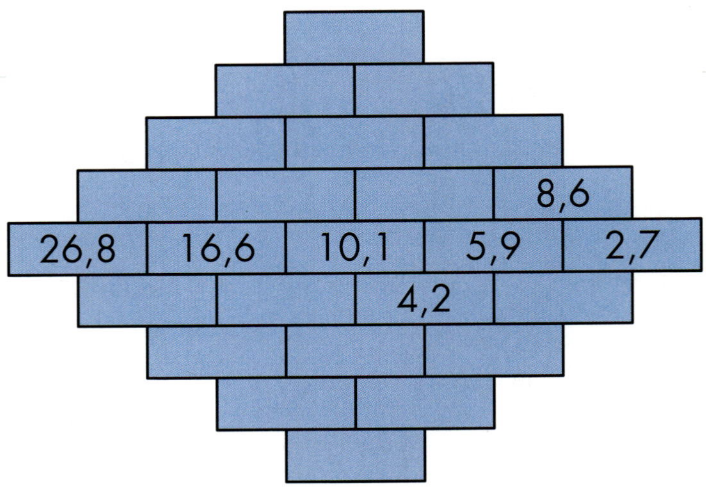

H2 **41** Rechne im Kopf und vervollständige die Tabelle.

		2,8	3,5	0,5	2,65	10,1	0,82
a)	Verdopple!						
b)	Multipliziere mit 10!						
c)	Nimm die Hälfte!						
d)	Dividiere durch 10!						

K I1 H2 H3 K2 **42** Mit welcher Zahl musst du 30,8 multiplizieren, damit du das gleiche Produkt wie bei der Multiplikation von 25,2 und 7,7 erhältst? Welcher Rechenweg ist richtig? Kreuze an.

☐ a) $25{,}2 \cdot 7{,}7 - 30{,}8 =$

☐ b) $25{,}2 \cdot 7{,}7 : 30{,}8 =$

☐ c) $30{,}8 \cdot 7{,}7 : 25{,}2 =$

☐ d) $25{,}2 : 7{,}7 + 30{,}8 =$

H2 H3 **43** Arbeite gemeinsam mit einer Partnerin oder einem Partner. Findet selbst zwei weitere Additionen bzw. Subtraktionen, die dasselbe Ergebnis haben wie die angegebenen Aufgaben.

a) 25,1 + 76,04 + 13,6 = ______

______

b) 60,1 – 23,35 = ______

______

c) 90,1 + 200,6 + 21,52 = ______

______

H1 **44** Leider sind alle Ergebnisse falsch. Setze das Komma an der richtigen Stelle.

a) 23,4 · 65,5 = 15327
b) 31,6 · 19,2 = 60672
c) 200,4 · 0,9 = 18036
d) 33,8 · 0,21 = 7098
e) 19,73 · 3,3 = 65109
f) 3,98 · 0,07 = 02786

H2 **45** Finde für x die entsprechenden Zahlen, damit alle Ergebnisse gleich sind.

a) 23,1 · 5
d) x · 1,25
b) 10 · x
e) 9,24 · x
c) 462 · x

H2 H3 **46** Welches Ergebnis ist größer? Kreuze an.

☐ a) 21,7 · 9,5
☐ b) 1000,5 : 4

K I1 H2 H3 K2 **47** Der Quotient aus 215,6 und 24,5 ist 8,8. Wie kannst du Dividend oder Divisor verändern, damit sich der Quotient verdoppelt? Welche Aussagen sind richtig? Kreuze sie an.

☐ a) Wenn der Dividend verdoppelt wird, verdoppelt sich auch der Quotient.
☐ b) Wenn der Divisor halbiert wird, verdoppelt sich auch der Quotient.
☐ c) Es müssen beide Zahlen verdoppelt werden, dann verdoppelt sich auch der Quotient.
☐ d) Wenn der Dividend verdoppelt wird und der Divisor halbiert wird, dann verdoppelt sich der Quotient.

Level 3

H2 H3 **48** Gudrun hat 130 € und gibt für ihre Einkäufe viel Geld aus:
39,90 € für Jeans, 7,90 € für mehrere Paar Socken, zweimal 6,50 € für neue T-Shirts, 32,90 € für Schuhe und 8,90 € für einen bunten Schal. Eigentlich würde sie auch noch eine neue Jacke brauchen. Gudrun möchte eine blaue Jacke um 29,80 € kaufen.

Kreuze an, ob die Aussagen richtig oder falsch sind.

	richtig	falsch
a) Gudrun gibt für ihre Einkäufe mehr als 110 € aus.	☐	☐
b) Sie kann die Jacke mit dem noch verbleibenden Geld kaufen.	☐	☐
c) Wenn sie die Jacke kaufen will, dann könnte sie nur ein T-Shirt kaufen.	☐	☐
d) Alleine für Schuhe und Jeans gibt Gudrun mehr als die Hälfte ihres Geldes aus.	☐	☐

H2 H3 **49** Nach einer Sportverletzung soll Fritz seinen rechten Arm schonen und nicht mehr als 15 kg tragen. Darf er eine Kiste Mineralwasser (12 Flaschen mit je 1,1 kg Gewicht) nach Hause tragen, oder soll er einen Freund bitten, ihm beim Tragen zu helfen?

H2 H3 **50** Das Produkt aus zwei Dezimalzahlen ist 46,24. Gib zwei mögliche Dezimalzahlen an, für die das Ergebnis passen könnte.
Erkläre, wie du diese Zahlen finden kannst.

H2 H3 **51** Welche Aufgaben haben dasselbe Ergebnis?

a) 3,6 · 4,5 b) 81 · 0,2 c) 7,2 · 2,25 d) 40,5 · 0,8

K I1 H2 H3 K2 **52** Luca macht Urlaub am Attersee. Er weiß, dass sich seine Freunde und Verwandten über Ansichtskarten freuen. Er kauft daher 9 Karten zu je 1,05 € und Briefmarken um 62 c dazu.

Welche **zwei** Aussagen sind richtig? Kreuze sie an.

☐ a) Er gibt genau 15 € für Karten mit Marken aus.
☐ b) Er rechnet nach, ob er auch den richtigen Betrag bezahlt hat: (1,05 + 0,62) · 9
☐ c) Wenn er das Angebot für 10 Karten mit Marken um 15 € gewählt hätte, dann hätte er günstiger eingekauft.
☐ d) Jede Ansichtskarte kostet doppelt so viel wie eine Briefmarke.

VERITAS-VERLAG, Linz/Andreas Schneider

H2 H3 **53** Amelie kauft Zwetschken um 2,29 €, Birnen um 1,35 €, 2 Mangos zu je 1,39 € und 3 Feigen zu je 0,39 € pro Stück. Sie hat einen 10-Euroschein mit.

Kreuze an, welche Aussagen richtig und welche falsch sind.
Diskutiere deine Meinung zu den Aussagen im Team.

	richtig	falsch
a) Amelie gibt mehr als 7,00 € aus.	☐	☐
b) Sie hätte auch noch Weintrauben um 2,49 € kaufen können.	☐	☐
c) Das Restgeld beträgt 2,41€.	☐	☐
d) Amelie hätte doppelt so viele Mangos kaufen können.	☐	☐

Level 3

H2 H3 **54** Finde die Rechenzeichen!
Schreib für jeden Kreisringsektor Rechnungen auf, die zum Ergebnis in der Mitte führen.

a)

b)

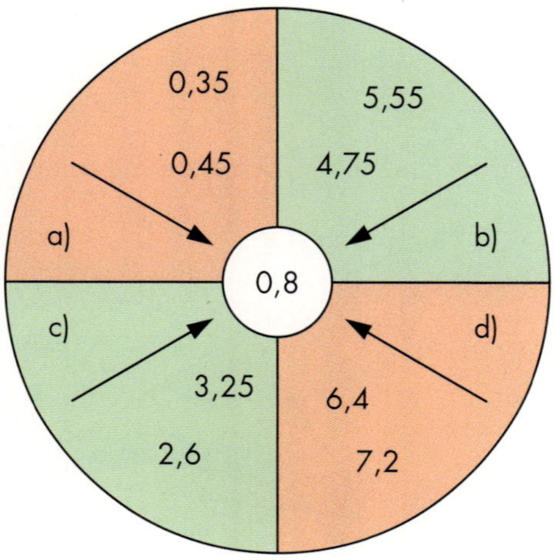

c)

d)

K I1 H2 H3 K2 **55** Welche Aufgaben haben dasselbe Ergebnis wie die folgende Rechnung? Kreuze sie an.

35,2 + 17,6 · 2,5 – 6,2 : 0,1 =

☐ a) 35,2 + 176 : 4 – 6,2 : 0,1 =

☐ b) 35,2 + 17,6 · 2,5 – 6,2 · 10 =

☐ c) 17,6 · 4,5 – 6,2 · 10 =

☐ d) 17,6 · 4,5 – 6,2 : 0,1 =

H2 **56** Wie groß ist der Flächeninhalt? Ermittelt die Lösungen im Team.

a) a = 2,2 cm
b = 1,9 cm

b) a = 2,7 cm
b = 1,6 cm

c) a = b = 1,9 cm

d) a = 3,5 cm
b = 0,9 cm

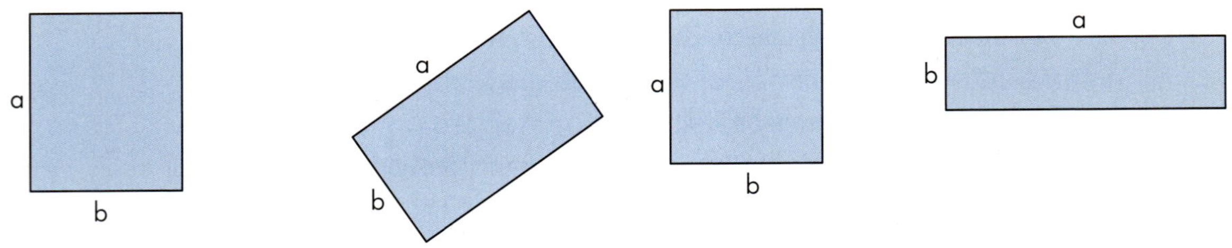

K I3 H1 K1 **57** Kennzeichne den rechten Winkel in den rechtwinkligen Dreiecken und beschrifte die Seiten!

a, b Katheten
c Hypotenuse

zB

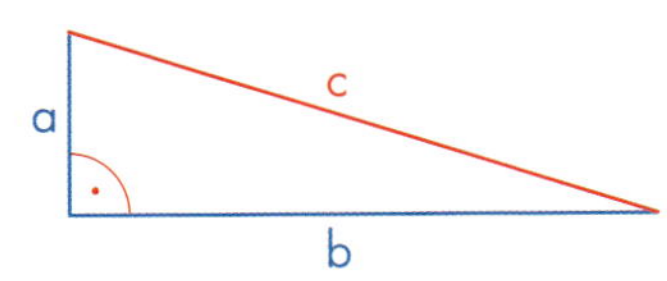

Ziehe die Katheten mit blauer und die Hypotenuse mit roter Farbe nach.

a) b) c)

H2 **58** Wie groß ist der Flächeninhalt des Quadrats? Kreuze die richtigen Lösungen an.

a) $a = 2{,}5$ cm	☐ 625 cm^2	☐ 6,25 cm^2	☐ 62,5 mm^2
b) $a = 12$ mm	☐ 144 mm^2	☐ 1,44 dm^2	☐ 14 400 mm^2
c) $a = 0{,}14$ m	☐ 0,196 m^2	☐ 196 cm^2	☐ 1,96 dm^2

H2 **59** Die Flächeneinheiten sind nach der Größe geordnet. Leider ist jeweils ein Fehler passiert. Stelle die Reihung richtig.

a) $22{,}35\ m^2 < 22{,}53 m^2 < 202{,}33\ m^2 < 202{,}13\ m^2$

b) $6{,}7\ a > 760\ m^2 > 66{,}6\ m^2 > 68{,}9\ dm^2 > 6\ 809\ cm^2$

c) $3{,}4\ cm^2 < 34\ cm^2 < 4{,}3\ dm^2 < 445\ cm^2 < 34{,}8\ m^2 < 358\ dm^2$

H2 **60** Berechne den Inhalt der farbigen Flächen.

a)

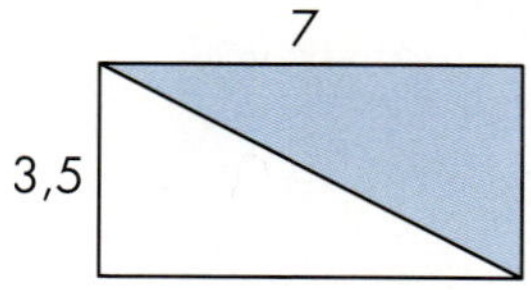

b)

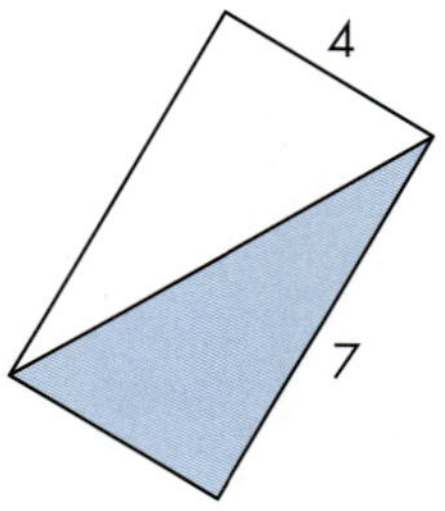

c)

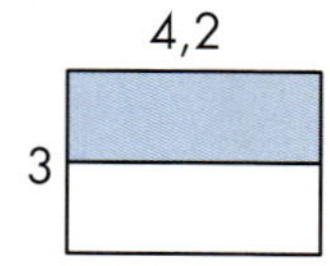

d)

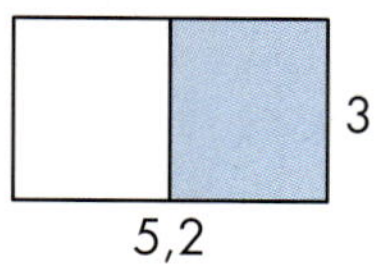

H2 **61** Berechne den Flächeninhalt. Welche Lösung ist richtig? Kreuze sie an.

Skizze

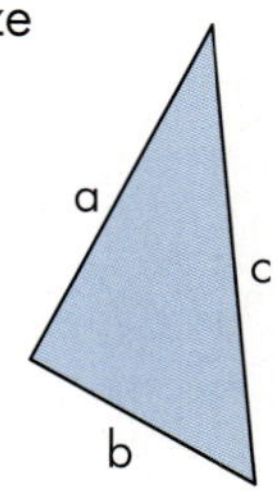

$a = 6$ m
$b = 45$ dm
$c = 7{,}5$ m

Formel:

☐ 14,50 m^2 ☐ 13,50 m^2 ☐ 12,50 m^2

K I3 H2 H3 K2 **62** Ein rechtwinkliges Dreieck hat die Katheten $a = 7{,}2$ cm und $b = 4{,}6$ cm. Kreuze an, ob die Aussagen richtig oder falsch sind.

	richtig	falsch
a) Der Flächeninhalt beträgt 16,56 cm^2.	☐	☐
b) Der Umfang ist größer als 12 cm.	☐	☐
c) Wenn a auf 10,8 cm vergrößert wird, dann wird der Flächeninhalt um die Hälfte größer.	☐	☐

Level 2

H2 **63** Von einem rechtwinkligen Grundstück wird ein quadratischer Teil (weiß) verkauft. Wie viel Flächeninhalt bleibt übrig?

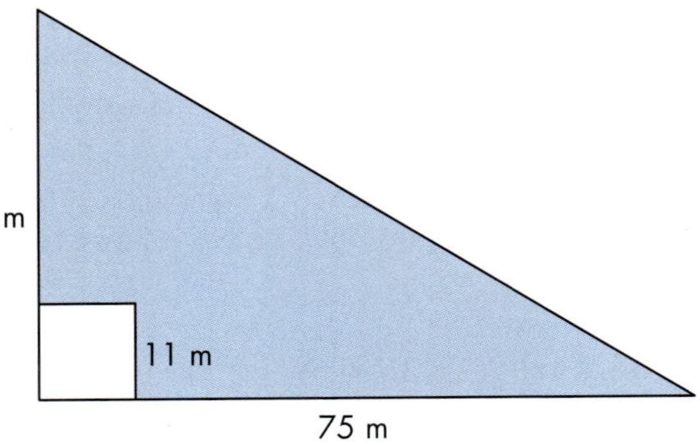

H2 **64** Berechne den Flächeninhalt.

a) b) c)

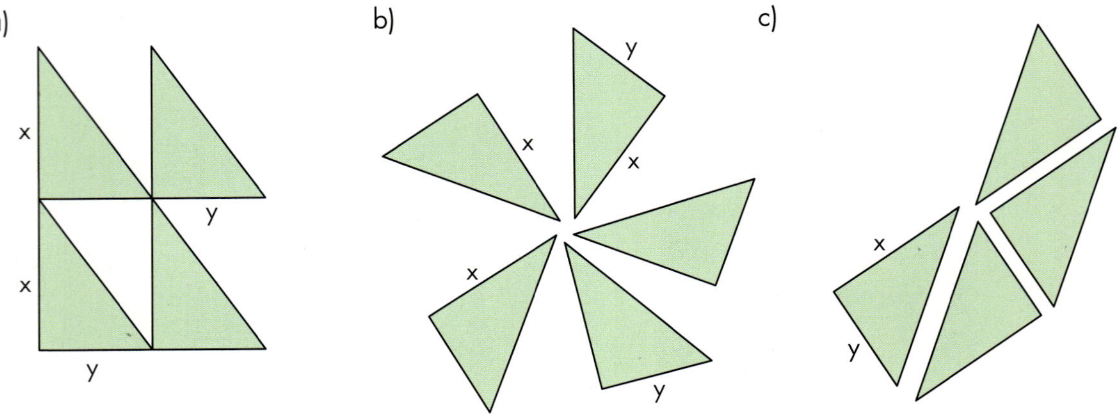

H3 **65** Ein rechtwinkliges Dreieck hat Katheten mit einer Länge von 6 cm und 8 cm. Kreuze an, ob die Aussagen richtig oder falsch sind.

	richtig	falsch
a) Der Flächeninhalt beträgt 48 cm^2.	☐	☐
b) Wenn beide Katheten halbiert werden, dann halbiert sich auch der Flächeninhalt.	☐	☐
c) Der Flächeninhalt verdoppelt sich, wenn eine Kathete verdoppelt wird.	☐	☐
d) Die Kathete a ist die längste Seite im rechtwinkligen Dreieck.	☐	☐

K I3 H2 K2 **66** Arbeite mit deiner Sitznachbarin oder deinem Sitznachbar. Berechnet den Flächeninhalt dieser Figur.

Skizze:

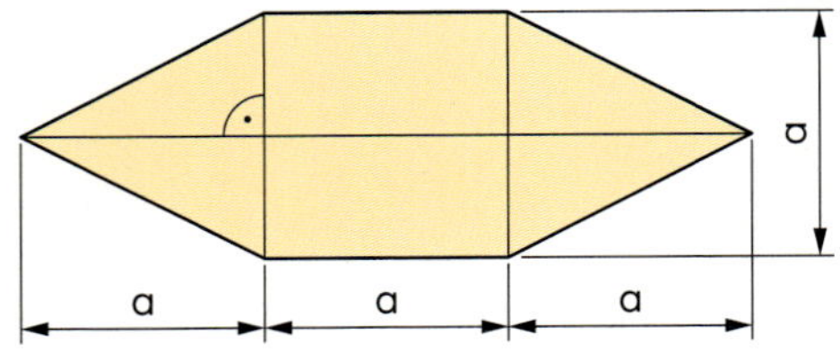

a = 12 cm

Formel:

Rechnung:

Level 2

H2 **67** Wie groß ist der Umfang des rechtwinkligen Dreiecks? Fertige auch eine Skizze an.
$a = b = 2{,}8$ cm
$c = 3{,}9$ cm

zB
$a = b = 1{,}6$ cm; $c = 3{,}3$ cm

$u = a \cdot 2 + c$
$u = 1{,}6 \cdot 2 + 3{,}3$
$u = 6{,}5$ cm

H2 **68** Ordne die Flächeninhalte nach der Größe und verwende das Zeichen $<$.

a) 23,6 m^2; 324 dm^2; 2,3 a; 6 322 dm^2

b) 356 cm^2; 555 mm^2; 55,2 cm^2; 5,33dm^2

H2 H3 **69** Ein Grundstück hat die Form eines rechtwinkligen Dreiecks, die Katheten sind 55 m und 72 m lang. Es wird zu einem Quadratmeterpreis von 125 € verkauft.
„Das Grundstück kostet dann ja mindestens 250 000 €", meint Herr Pühringer.
Besprecht zu zweit, ob er recht hat. Begründet eure Meinung.

K I3 H3 K2 **70** Wie groß ist der Flächeninhalt der abgebildeten Figur?
Welcher Rechenweg passt? Kreuze an.

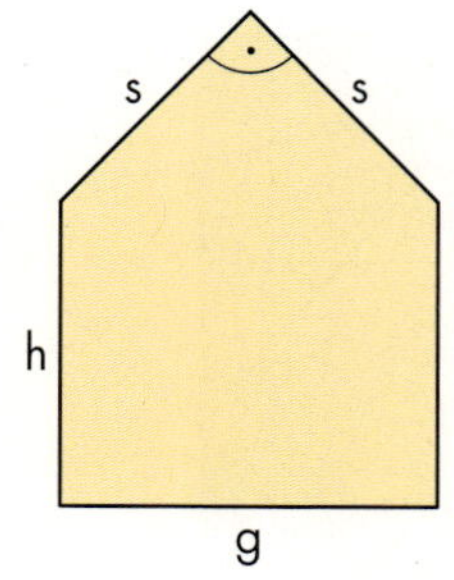

☐ a) $A = h \cdot g + s \cdot s$

☐ b) $A = \frac{h \cdot g + s \cdot s}{2}$

☐ c) $A = h \cdot g + \frac{s \cdot s}{2}$

Level 3

H2 H4 **71** Deine Nachbarin möchte ihr Grundstück, das die Form eines rechtwinkligen Dreiecks hat ($a = 75$ m; $b = 40$ m), gegen ein quadratisches Grundstück mit einer Seitenlänge von 41 m tauschen. Hältst du das für eine gute Idee? Formuliere eine Begründung.

H1 H2 **72** Gib eine Formel zur Berechnung des Flächeninhalts an.

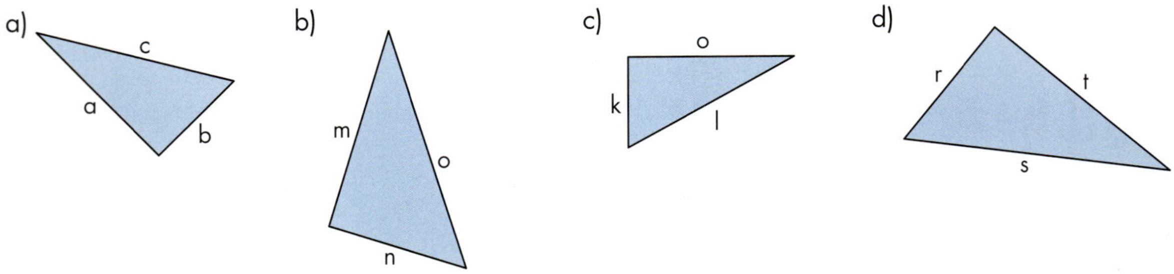

H2 **73** Wie groß ist der Flächeninhalt? (Angaben in cm)

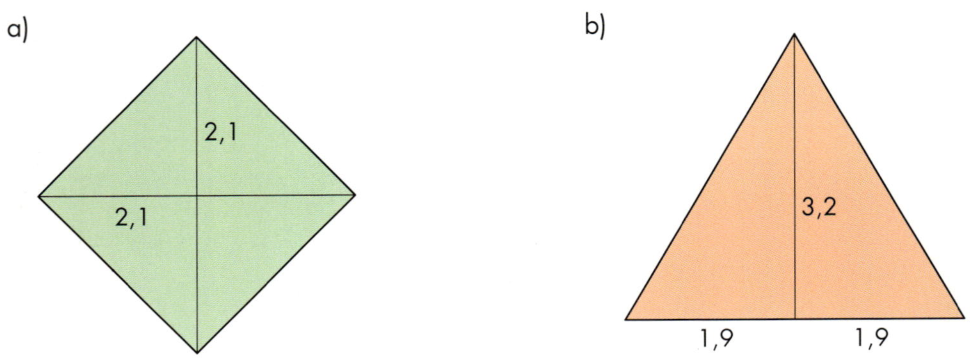

K I3 H2 K2 **74** Wie lang ist die fehlende Kathete?

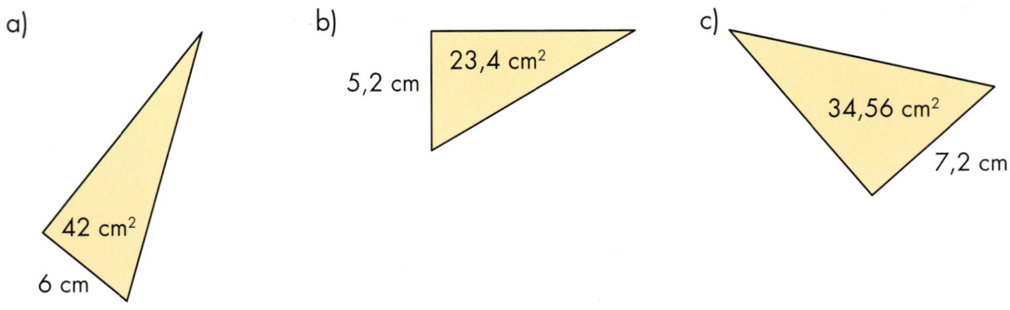

H2 H3 **75** Der Flächeninhalt eines rechtwinkligen Dreiecks ist genau 12 cm^2. Wie groß können die beiden Katheten sein, wenn jede von ihnen eine natürliche Zahl sein soll?
Gib mindestens 7 Möglichkeiten an.

a							
b							
A	12	12	12	12	12	12	12

H2 **76** Ein Rechteck mit den Seitenlängen 3,5 m und 2,8 m ist flächengleich mit einem rechtwinkligen Dreieck, dessen eine Kathete 4 m lang ist. Wie lang ist die andere Kathete?

H2 **77** Wie groß ist der Flächeninhalt der blauen Figur?
$\overline{AB}$ = 4,8 cm; $\overline{AC}$ = 6,4 cm

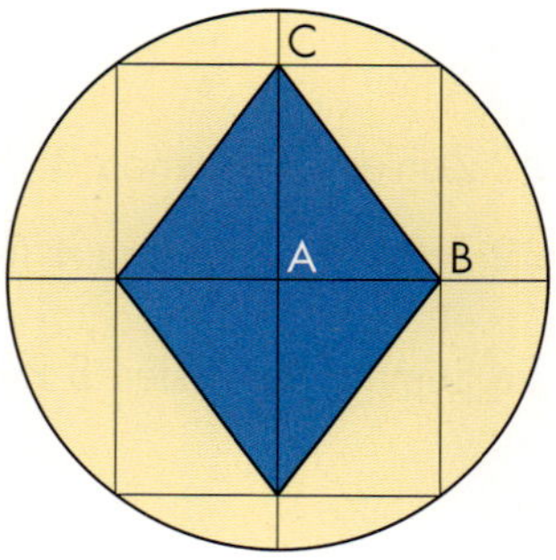

H2 H3 **78** Welche Formel musst du zur Berechnung des Flächeninhalts verwenden, damit das Ergebnis stimmt?

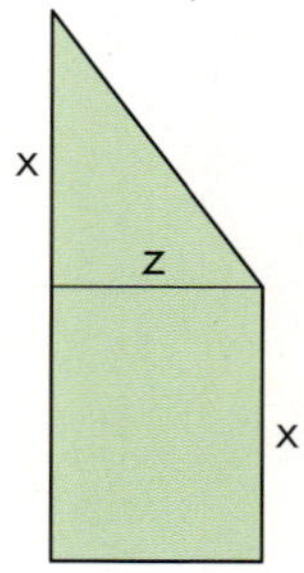

☐ a) $A = x \cdot z + x \cdot x$

☐ b) $A = (x + x) \cdot z$

☐ c) $A = x \cdot z : 2 + x \cdot z$

K I3 H3 K3 **79** Lilly meint, dass sie 15 rechtwinklige Dreiecke in der abgebildeten Figur entdecken kann. Kevin glaubt aber, dass insgesamt 16 rechtwinklige Dreiecke versteckt sind. Wer hat recht?

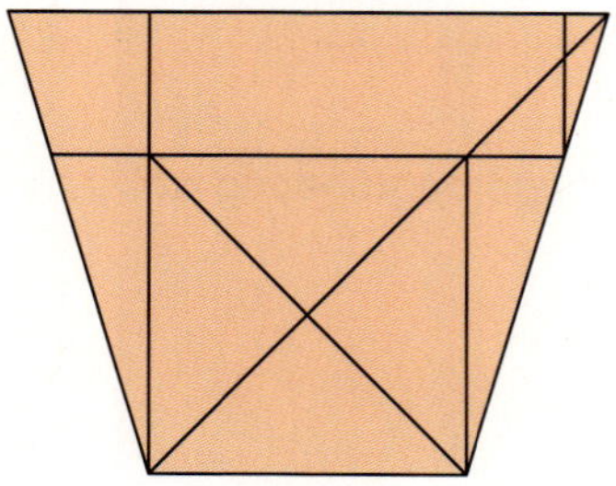

Antwort: ____________________

____

____

____

____

Level 1

H1 H2 **80** a) Wie lauten die Primzahlen zwischen 10 und 20? __________

b) Nenne die Primzahlen zwischen 20 und 40: __________

c) Wie heißen die Primzahlen zwischen 50 und 70? __________

H1 H2 **81** Folgende Zahlen sind das Produkt zweier Primzahlen. Zerlege sie!

zB $27 = 3 \cdot 9$

a)	b)	c)
15 = _____	35 = _____	21 = _____
77 = _____	65 = _____	14 = _____
26 = _____	55 = _____	91 = _____
39 = _____	38 = _____	62 = _____
34 = _____	57 = _____	94 = _____

H1 H2 **82** Zerlege die Zahlen in ihre Primfaktoren:

a) 60 | b) 80 | c) 140 | d) 50 |

H1 H2 **83** a) Nenne 2 Zahlen, die genau 3 Teiler haben: __________

b) Nenne 2 Zahlen, die genau 4 Teiler haben: __________

H1 H3 **84** a) Bilde die Summe der ersten 8 Primzahlen.

b) Bilde das Produkt der beiden Primzahlen zwischen 30 und 40.

H2 **85** Welche Zahl errechnest du aus folgenden Primfaktoren:

zB $2 \cdot 3 \cdot 5 \cdot 7 = 210$

a)	b)	c)
$2 \cdot 2 \cdot 3 =$ _____	$2 \cdot 3 \cdot 3 \cdot 5 =$ _____	$3 \cdot 5 \cdot 5 =$ _____
$2 \cdot 2 \cdot 3 \cdot 3 =$ _____	$2 \cdot 3 \cdot 5 =$ _____	$2 \cdot 5 \cdot 5 =$ _____
$3 \cdot 3 \cdot 3 \cdot 5 =$ _____	$3 \cdot 3 \cdot 5 =$ _____	$2 \cdot 5 \cdot 7 =$ _____
$5 \cdot 5 \cdot 7 =$ _____	$2 \cdot 2 \cdot 7 =$ _____	$2 \cdot 5 \cdot 17 =$ _____

K H1 H4 K3 **86** Warum kann 792 keine Primzahl sein? Kreuze die richtige Begründung an!

- ☐ a) Eine Primzahl kann nicht dreistellig sein.
- ☐ b) Eine Primzahl darf nicht durch 2 teilbar sein.
- ☐ c) Es gibt keine Primzahl, die größer als 500 ist.

H2 **87** Bestimme den größten gemeinsamen Teiler!

a) ggT (24, 40) =   b) ggT (30, 45) =   c) ggT (35, 50) =

H1 H2 **88** Bestimme das kleinste gemeinsame Vielfache!

a) kgV (8, 14) =   b) kgV (12, 15) =   c) kgV (9, 20) =

H1 H3 **89** Die Busse der Linie 1 fahren alle 15 Minuten vom Bahnhof ab, die Busse der Linie 2 alle 12 Minuten. Um 10.15 Uhr fahren die Busse von beiden Linien gleichzeitig ab.

Wann fahren wieder Busse von beiden Linien gleichzeitig ab? Kreuze an.

a) ☐ um 10.30 Uhr   b) ☐ um 11.00 Uhr   c) ☐ um 11.15 Uhr

H1 H3 **90** Zerlege die Zahl in ihre Primfaktoren:

a) 108 | b) 350 | c) 240 | d) 130 |

H1 H2 **91** a) Wie heißt die größte zweistellige Zahl, die durch 15 teilbar ist? ____________

b) Wie heißt die kleinste dreistellige Zahl, die durch 15 teilbar ist? ____________

c) Wie heißt die kleinstmögliche Zahl, die durch 8 und 12 teilbar ist? ____________

d) Wie heißt der größte Teiler für die Zahlen 80 und 100? ____________

K I2 H1 H3 K2 **92** Sind die Aussagen richtig oder falsch?

	richtig	falsch
a) Jede Primzahl hat genau 2 Teiler.	☐	☐
b) Die Summe zweier Primzahlen ist wieder eine Primzahl.	☐	☐
c) Das Produkt zweier Primzahlen ist wieder eine Primzahl.	☐	☐
d) Alle Zahlen die keine Primzahlen sind, lassen sich in Primfaktoren zerlegen.	☐	☐

H1 H4 **93** In Krankenhäusern gibt es meist fixe Dienstpläne für das Pflegepersonal. Helga hat jeden 3. Tag frei, Kurt jeden 4. Tag und Petra jeden 5. Tag.
Nach wie vielen Tagen haben sie den ersten gemeinsamen freien Tag?

H1 H3 **94** Für das Abpacken von 50 kg Kartoffel stehen Säcke zu 5, 10, 15 und 20 kg zur Verfügung.
Überlegt euch 3 verschiedene Abpackmöglichkeiten, bei denen kein Rest an Kartoffeln übrig bleibt.

ingimage.com

H1 H2 **95** Luca hat eine Schrittlänge von 0,4 m und sein Vater schafft 0,7 m mit einem Schritt. Beide beginnen gleichzeitig mit dem rechten Bein zu gehen. Nach wie vielen Schritten des Vaters setzen wieder beide gleichzeitig den rechten Fuß auf?

H1 H2 H3 **96** Nenne drei Zahlen, die als größten gemeinsamen Teiler 1 haben.

H1 H3 **97** Die Maße von Klaras Zimmer sind 3,80 m mal 6,20 m. Sie bekommt einen neuen Teppichboden. Welche Teppichfliesengröße kann man wählen, ohne Fliesenreste zu erhalten?
Kreuze richtig an:

- ☐ a) 10 cm x 10 cm
- ☐ b) 20 cm x 20 cm
- ☐ c) 30 cm x 30 cm
- ☐ d) 40 cm x 40 cm

H1 H2 H3 **98** Nenne jeweils eine teilerfremde Zahl zur angegebenen Zahl:

zB 10 teilerfremd wäre 3 oder 7

a) 8 ____	b) 12 ____	c) 18 ____	d) 24 ____
17 ____	25 ____	14 ____	40 ____
28 ____	7 ____	9 ____	33 ____

K H1 H2 H3 K3 **99** Beantworte mit Ja oder Nein und begründe deine Antwort.

a) Den größten gemeinsamen Teiler kann man auch für 3 oder mehr Zahlen ermitteln.

____

b) Das kleinste gemeinsame Vielfache dreier Zahlen kann auch eine dieser Zahlen sein.

____

c) Teilerfremde Zahlen haben nur 1 als gemeinsamen Teiler.

____

d) Das kleinste gemeinsame Vielfache zweier Zahlen ist immer die größere der beiden Zahlen.

____

H1 H2 H4 **100** Die alten Waschbetonplatten einer 5,4 m langen und 3,6 m breiten Terrasse sollen erneuert werden. Stattdessen werden quadratische Granitfliesen fugenlos verlegt. Welche Fliesengröße muss gewählt werden, um die Stückzahl möglichst gering zu halten?

VERITAS-VERLAG, Linz/Gabriela Langthaler

H1 H2 H3 **101** Theo und Lina gehen nach der Arbeit laufen. Sie starten gemeinsam unter der alten Linde, Theo benötigt 15 min für eine Seerunde, Lina benötigt 12 min. Nach wie vielen Minuten kommen beide wieder gleichzeitig bei der alten Linde an? Wie viele Runden ist jeder bis dahin gelaufen? Überlegt zu zweit und formuliert eine Antwort.

ingimage.com

H1 H2 **102** Bestimme den größten gemeinsamen Teiler:

a) ggT (90, 126, 144) =

b) ggT (60, 135, 180) =

H1 H2 H3 **103** Bestimme das kleinste gemeinsame Vielfache:

a) kgV (14, 22, 35) =

b) kgV (8, 10, 12) =

K I1 H1 H2 H4 K3 **104** „Das Produkt von ggT und kgV zweier Zahlen ist gleich dem Produkt der beiden Zahlen." Beweise diese Aussage mit den beiden Zahlen 6 und 15. Begründe, warum diese Aussage für zwei beliebig gewählte Zahlen stimmen muss.

H1 **105** Welcher Bruchteil ist farbig dargestellt?

a)
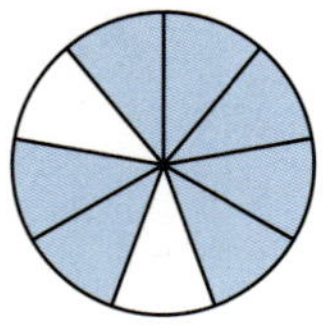

b)
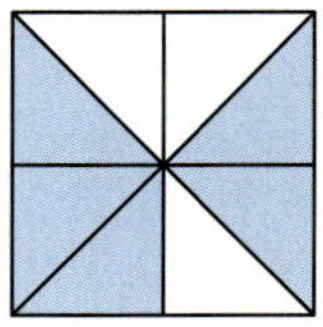

c)
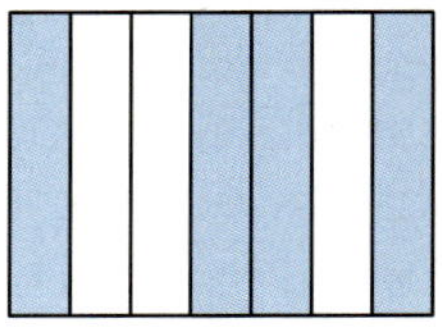

d)
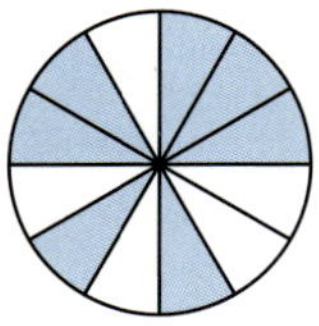

H1 **106** Färbe den angegebenen Bruchteil:

a) $\frac{11}{15}$
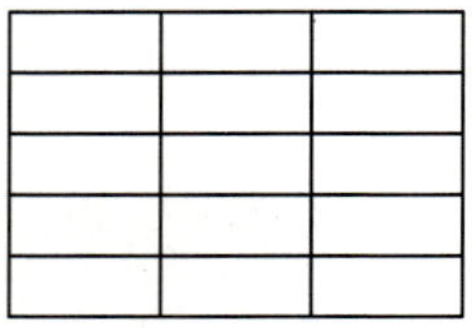

b) $\frac{7}{10}$
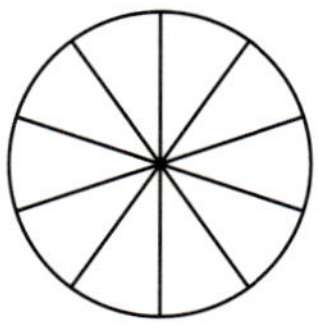

c) $\frac{3}{8}$
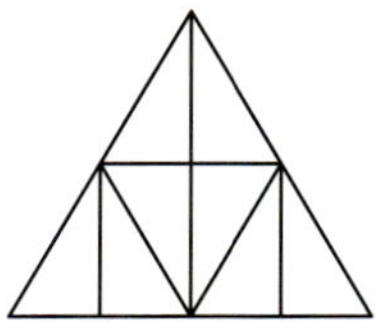

d) $\frac{5}{6}$
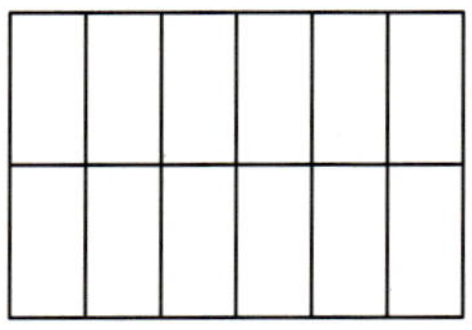

H2 **107** Schreib den unechten Bruch als gemischte Zahl. Findest du die gemischte Zahl bei den möglichen Lösungen? Trage den jeweiligen Buchstaben beim Lösungswort ein.

zB $\frac{23}{6} = 3\frac{5}{6}$

a) $\frac{9}{5}$ = ______ $\frac{17}{7}$ = ______ $\frac{23}{8}$ = ______

b) $\frac{12}{7}$ = ______ $\frac{34}{9}$ = ______ $\frac{33}{8}$ = ______

c) $\frac{47}{9}$ = ______ $\frac{38}{5}$ = ______ $\frac{31}{6}$ = ______

d) $\frac{51}{8}$ = ______ $\frac{44}{6}$ = ______ $\frac{62}{9}$ = ______

A	E	K	H	P	U	F	M	R	L	V	R	B	E	T	G	O	S	A	N	D	I	C	R
$7\frac{3}{5}$	$6\frac{3}{8}$	$6\frac{3}{5}$	$1\frac{4}{5}$	$2\frac{1}{7}$	$3\frac{7}{8}$	$4\frac{5}{6}$	$1\frac{2}{5}$	$4\frac{1}{8}$	$6\frac{4}{9}$	$1\frac{5}{7}$	$5\frac{2}{9}$	$5\frac{5}{8}$	$2\frac{3}{7}$	$4\frac{7}{9}$	$5\frac{1}{6}$	$3\frac{7}{9}$	$3\frac{1}{8}$	$4\frac{4}{9}$	$7\frac{2}{6}$	$6\frac{8}{9}$	$6\frac{2}{6}$	$2\frac{6}{7}$	$2\frac{7}{8}$

Lösungswort:

H2 **108** Gib die gemischte Zahl als unechten Bruch an.

zB $2\frac{4}{7} = \frac{18}{7}$

a) $1\frac{2}{3}$ = ______ $2\frac{1}{8}$ = ______ $1\frac{5}{7}$ = ______

b) $2\frac{4}{9}$ = ______ $3\frac{5}{6}$ = ______ $4\frac{7}{10}$ = ______

c) $4\frac{9}{11}$ = ______ $3\frac{7}{8}$ = ______ $6\frac{1}{6}$ = ______

d) $5\frac{7}{9}$ = ______ $3\frac{7}{12}$ = ______ $7\frac{4}{7}$ = ______

H1 **109** Schreib die Dezimalbrüche als Dezimalzahlen.

zB $2\frac{3}{100} = 2{,}03$

a) $1\frac{2}{10}$ = ______ $\frac{37}{100}$ = ______ $\frac{28}{10}$ = ______

b) $2\frac{56}{100}$ = ______ $\frac{89}{1000}$ = ______ $1\frac{7}{100}$ = ______

c) $\frac{903}{100}$ = ______ $4\frac{1}{10}$ = ______ $2\frac{493}{1000}$ = ______

d) $3\frac{5}{100}$ = ______ $\frac{7}{1000}$ = ______ $5\frac{64}{1000}$ = ______

K I1 H1 H3 K1 **110** Welcher Dezimalzahl entspricht der Bruch $\frac{704}{100}$? Kreuze die richtige Zahl an!

☐ a) 0,0704 ☐ b) 0,074 ☐ c) 0,704 ☐ d) 0,74 ☐ e) 7,04 ☐ f) 7,40

H2 **111** Erweitere die Brüche mit der angegebenen Zahl:

a) $\cdot 3$: $\frac{4}{7} = \square$ $\quad \cdot 2$: $\frac{3}{8} = \square$

b) $\cdot 4$: $\frac{6}{5} = \square$ $\quad \cdot 8$: $\frac{2}{6} = \square$

c) $\cdot 5$: $\frac{4}{9} = \square$ $\quad \cdot 9$: $\frac{2}{3} = \square$

d) $\cdot 7$: $\frac{7}{4} = \square$ $\quad \cdot 6$: $\frac{7}{12} = \square$

H2 **112** Ergänze den fehlenden Zähler oder Nenner und gib die Erweiterungszahl an:

a) $\frac{2}{5} = \frac{8}{\square}$ $\quad \frac{1}{6} = \frac{\square}{30}$

b) $\frac{5}{8} = \frac{\square}{24}$ $\quad \frac{3}{4} = \frac{18}{\square}$

c) $\frac{6}{7} = \frac{42}{\square}$ $\quad \frac{5}{9} = \frac{\square}{63}$

d) $\frac{3}{8} = \frac{\square}{72}$ $\quad \frac{7}{12} = \frac{56}{\square}$

H2 **113** Kürze die Brüche durch die angegebene Zahl:

a) $:2$: $\frac{10}{14} = \square$ $\quad :5$: $\frac{25}{40} = \square$

b) $:4$: $\frac{28}{20} = \square$ $\quad :6$: $\frac{12}{42} = \square$

c) $:3$: $\frac{9}{24} = \square$ $\quad :7$: $\frac{28}{63} = \square$

d) $:8$: $\frac{32}{72} = \square$ $\quad :6$: $\frac{36}{78} = \square$

H2 **114** Ergänze den fehlenden Zähler oder Nenner und gib die Kürzungszahl an:

a) $\frac{9}{15} = \frac{\square}{5}$ $\quad \frac{8}{14} = \frac{4}{\square}$

b) $\frac{35}{45} = \frac{7}{\square}$ $\quad \frac{12}{32} = \frac{\square}{8}$

c) $\frac{42}{30} = \frac{\square}{5}$ $\quad \frac{63}{81} = \frac{7}{\square}$

d) $\frac{35}{63} = \frac{5}{\square}$ $\quad \frac{56}{24} = \frac{\square}{3}$

H1 H2 **115** Welcher Bruchteil ist farbig dargestellt? Gib in gekürzter Form an und schreib die Kürzungszahl darunter!

a) 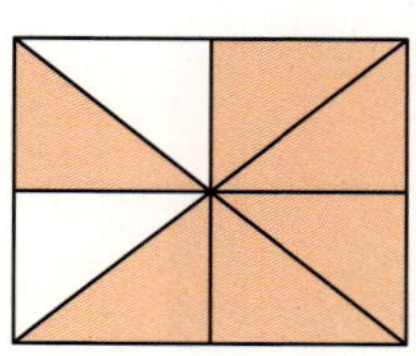

$\square = \square$

b) 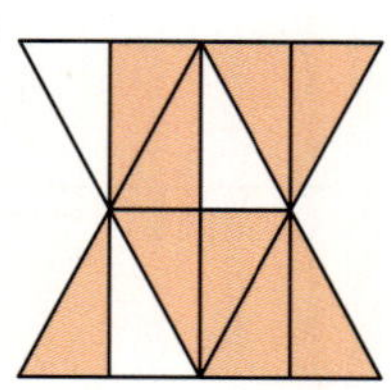

$\square = \square$

c) 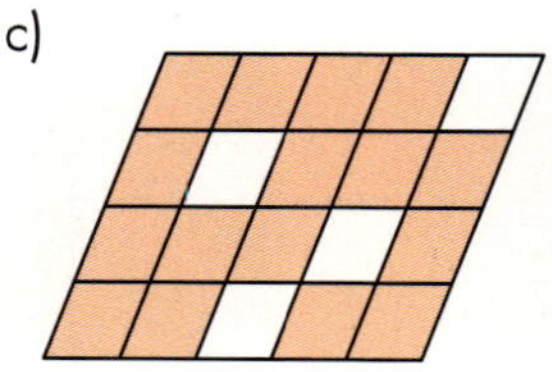

$\square = \square$

d) 

$\square = \square$

K I1 H3 K1 **116** Welche Brüche wurden richtig erweitert bzw. gekürzt? Kreuze an!

☐ a) $\frac{3}{7} = \frac{9}{21}$ ☐ b) $\frac{24}{32} = \frac{3}{4}$ ☐ c) $\frac{5}{9} = \frac{40}{63}$ ☐ d) $\frac{64}{81} = \frac{8}{9}$

Level 2

H1 **117** Gib an, welcher Bruchteil farbig dargestellt ist!

a) 

b) 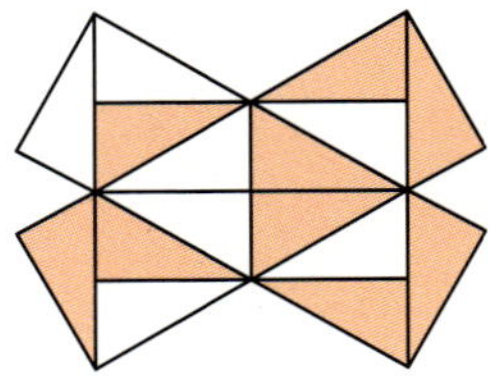

c) 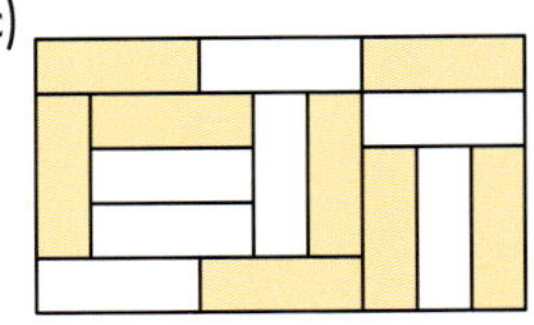

d) 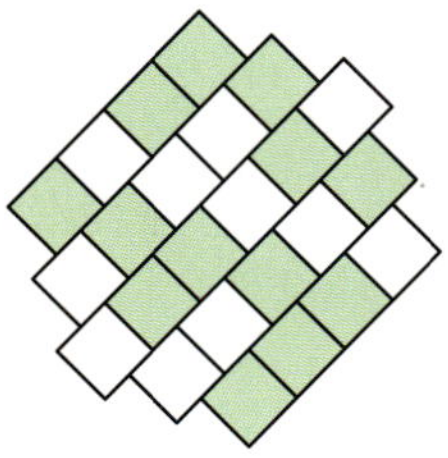

H1 **118** Zeichne die folgenden Bruchteile in die gegebenen Rechtecke mit Farbe ein.

a) $\frac{5}{6}$ b) $\frac{7}{8}$ c) $\frac{5}{12}$ d) $\frac{13}{24}$

H1 H3 **119** **Mathematische Millionenshow**

Entscheide dich für die richtige der vier Antwortmöglichkeiten:

zB	c	$\frac{7}{8}$ von 56 kg sind …	a) 45 kg	b) 42 kg	c) 49 kg	d) 48 kg
		$\frac{2}{5}$ von 600 m sind …	a) 200 m	b) 300 m	c) 120 m	d) 240 m
		$\frac{3}{4}$ von 72 km sind …	a) 45 km	b) 54 km	c) 18 km	d) 96 km
		$\frac{6}{9}$ von 180 kg sind …	a) 1 200 dag	b) 60 kg	c) 120 kg	d) 270 kg
		$\frac{7}{9}$ von 720 € sind …	a) 80 €	b) 560 €	c) 630 €	d) 490 €
		$\frac{4}{20}$ von 160 kg sind …	a) 32 kg	b) 320 dag	c) 80 kg	d) 320 kg
		$\frac{5}{7}$ von 63 cm sind …	a) 450 mm	b) 4,5 m	c) 45 mm	d) 45 dm
		$\frac{3}{12}$ von 1 h sind …	a) 5 min	b) 15 min	c) 20 min	d) 0,5 h

H1 H2 **120** Welche Brüche sind auf dem Zahlenstrahl markiert? Trage ein:

a)

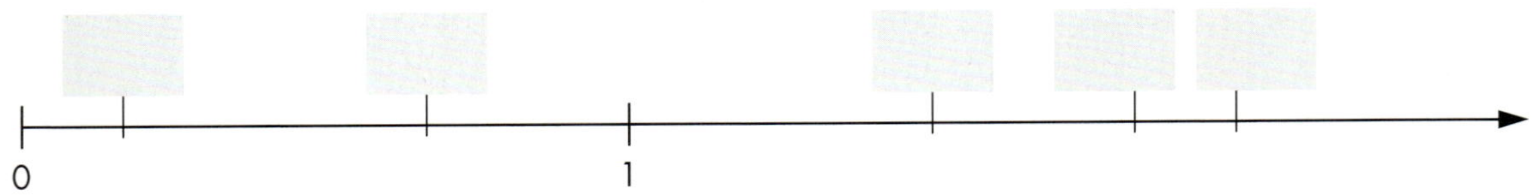

b)

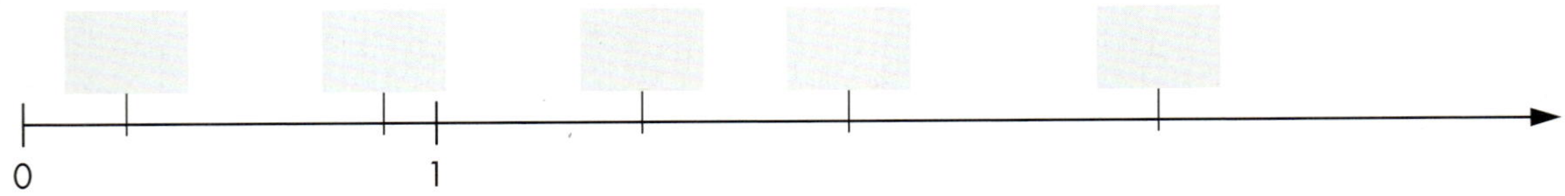

K I1 H3 K3 **121** Sind die Brüche auf dem Zahlenstrahl richtig angegeben? Korrigiere falsch eingetragene Brüche.

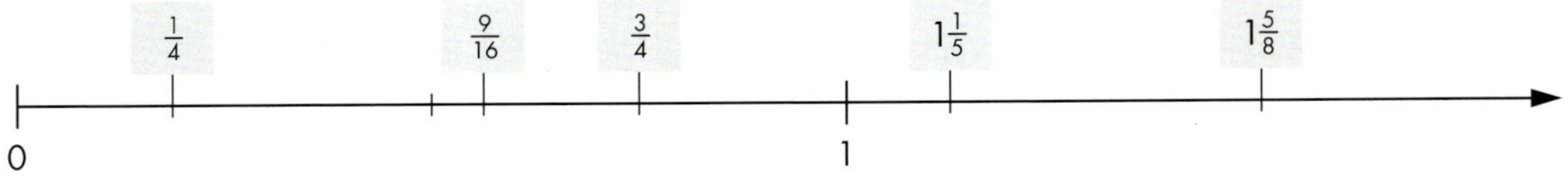

H2 **122** Erweitere jeweils die beiden Brüche auf den kleinsten gemeinsamen Nenner:

zB $\frac{5}{8} = \frac{15}{24}$ $\frac{1}{6} = \frac{4}{24}$

a) $\frac{1}{6} =$ $\frac{3}{4} =$ b) $\frac{5}{8} =$ $\frac{7}{12} =$ c) $\frac{13}{20} =$ $\frac{11}{15} =$

$\frac{3}{10} =$ $\frac{7}{15} =$ $\frac{5}{6} =$ $\frac{8}{9} =$ $\frac{7}{16} =$ $\frac{19}{24} =$

H2 **123** Erweitere so, dass die Brüche den kleinsten gemeinsamen Nenner haben:

a) $\frac{2}{3} =$ $\frac{1}{4} =$ $\frac{5}{6} =$ b) $\frac{8}{15} =$ $\frac{7}{20} =$ $\frac{1}{6} =$

c) $\frac{3}{8} =$ $\frac{5}{12} =$ $\frac{8}{9} =$ d) $\frac{11}{12} =$ $\frac{7}{18} =$ $\frac{22}{27} =$

Level 2

H1 **124** △ stellt ein Achtel dar. Welcher Bruchzahl entspricht die Gesamtfigur? Kürze, falls möglich und gib als gemischte Zahl an.

a)

=

b)

= =

c)

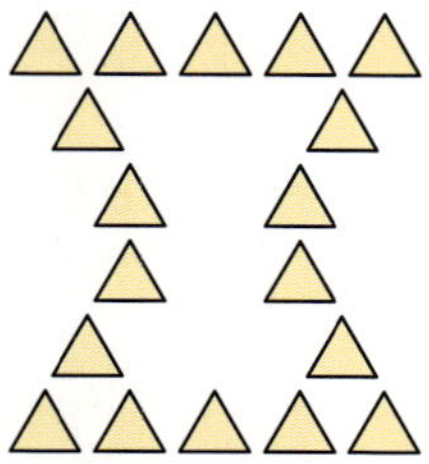

= =

H2 **125** Kürze soweit wie möglich:

zB $\frac{18}{30} = \frac{6}{10} = \frac{3}{5}$

a) $\frac{12}{28} =$ b) $\frac{56}{80} =$ c) $\frac{80}{200} =$ d) $\frac{64}{112} =$

$\frac{18}{45} =$ $\frac{30}{48} =$ $\frac{36}{54} =$ $\frac{147}{168} =$

H2 **126** Wie groß ist das Ganze? Berechne im Kopf und schreib dein Ergebnis auf!

a) $\frac{2}{5}$ sind 60. b) $\frac{4}{7}$ sind 36. c) $\frac{7}{8}$ sind 63. c) $\frac{8}{3}$ sind 120.

$\frac{3}{4}$ sind 240. $\frac{5}{9}$ sind 200. $\frac{7}{6}$ sind 280. $\frac{11}{15}$ sind 77.

H2 **127** Setze das richtige Zeichen ein: <, > oder =

a) $\frac{3}{5}$ ☐ $\frac{3}{4}$ $\frac{7}{8}$ ☐ $\frac{5}{8}$ $1\frac{1}{6}$ ☐ $\frac{8}{6}$ $2\frac{1}{7}$ ☐ $\frac{15}{7}$ $\frac{7}{12}$ ☐ $\frac{2}{3}$ $\frac{3}{8}$ ☐ $\frac{9}{21}$

b) $1\frac{5}{6}$ ☐ $\frac{11}{7}$ $\frac{7}{4}$ ☐ $1\frac{5}{8}$ $2\frac{1}{6}$ ☐ $1\frac{7}{6}$ $\frac{23}{10}$ ☐ $2\frac{1}{5}$ $\frac{14}{9}$ ☐ $1\frac{6}{8}$ $3\frac{1}{8}$ ☐ $\frac{25}{8}$

K I3 H1 K3 **128** Die gegebenen Brüche sind nicht richtig geordnet! Erkennst du die Fehler? Stelle darunter richtig!

a) $\frac{3}{12} < 1\frac{5}{12} < \frac{7}{12} < 1\frac{1}{12} < \frac{11}{12}$ b) $\frac{7}{5} > \frac{7}{8} > \frac{7}{12} > \frac{7}{3} > \frac{7}{9}$

Level 3

H1 **129** Gib den farbig dargestellten Bruchteil an!

a) 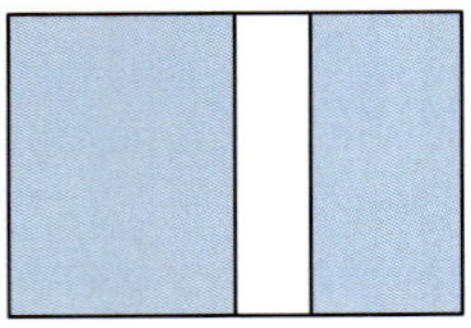

b) 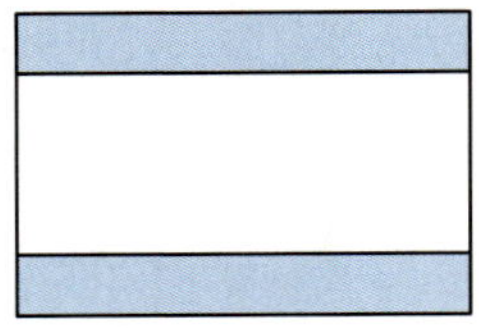

c) 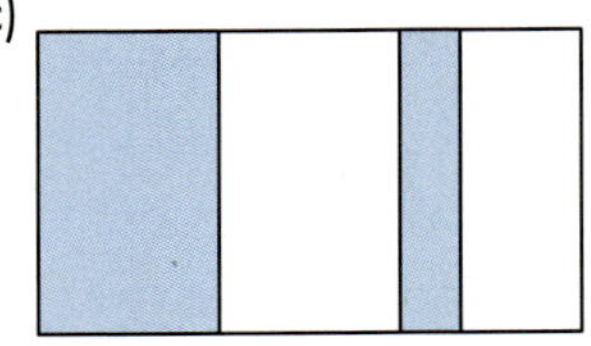

H1 **130** Markiere den angegebenen Bruchteil farbig:

a) $\frac{7}{10}$ b) $\frac{1}{4}$ c) $\frac{3}{4}$ d) $\frac{4}{7}$

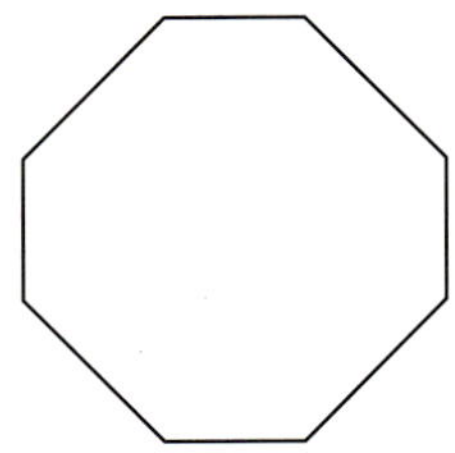
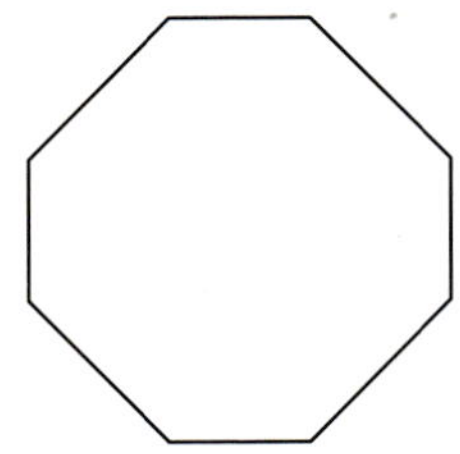

H1 H2 **131** Welche Brüche sind auf dem Zahlenstrahl markiert? Trage ein:

a)

b)
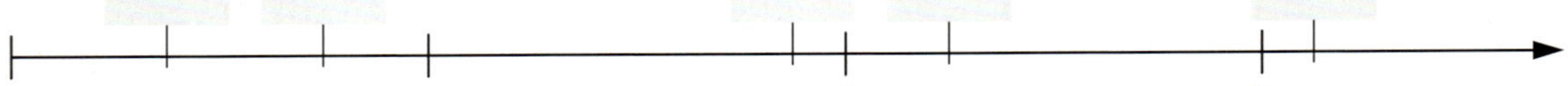

c)

d)
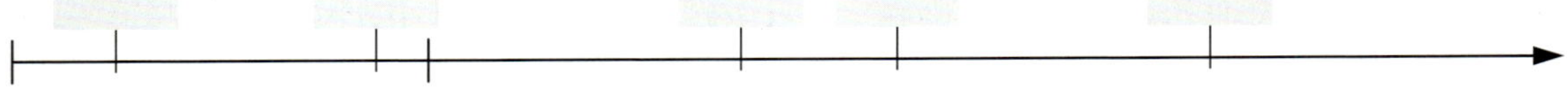

H2 **132** Setze das richtige Zeichen ein: <, > oder =

a) $2\frac{2}{5}$ ☐ $1\frac{7}{5}$ $\frac{23}{12}$ ☐ $1\frac{3}{4}$ $1\frac{4}{7}$ ☐ $1\frac{5}{6}$ $1\frac{7}{10}$ ☐ $\frac{3}{2}$ $1\frac{7}{18}$ ☐ $\frac{13}{9}$ $\frac{11}{4}$ ☐ $2\frac{5}{8}$

b) $1\frac{7}{9}$ ☐ $1\frac{2}{3}$ $2\frac{3}{10}$ ☐ $\frac{12}{5}$ $1\frac{9}{12}$ ☐ $\frac{7}{4}$ $\frac{23}{15}$ ☐ $1\frac{3}{5}$ $\frac{12}{14}$ ☐ $\frac{3}{4}$ $3\frac{1}{9}$ ☐ $\frac{28}{8}$

K I1 H2 H3 K2 **133** Welcher Bruch liegt genau in der Mitte zwischen $\frac{1}{9}$ und $\frac{1}{8}$? Kreuze richtig an:

☐ a) $\frac{9}{80}$ ☐ b) $\frac{10}{72}$ ☐ c) $\frac{7}{72}$ ☐ d) $\frac{5}{96}$ ☐ e) $\frac{1}{10}$ ☐ f) $\frac{17}{144}$

H1 H2 **134** Eine Quelle fördert in einer Minute 3 600 Liter Wasser. Die angegebenen Bruchteile davon werden durch Rohrleitungen weitergeleitet.
Wie viel Liter kommen jede Minute in den vier unteren Behältern an?

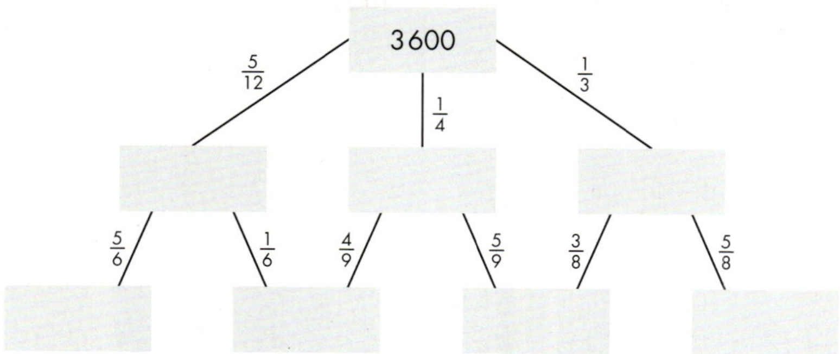

H4 Erkläre, wie du schnell kontrollieren kannst, ob dein Ergebnis stimmen kann!

____

____

H2 **135** Wie groß ist das Ganze?

a) $\frac{5}{6}$ sind 60 € ☐ b) $\frac{6}{7}$ sind 78 min ☐ c) $\frac{7}{9}$ sind 84 cm ☐

$\frac{3}{8}$ sind 240 m ☐ $\frac{16}{9}$ sind 240 g ☐ $\frac{7}{8}$ sind 91 t ☐

H1 H2 **136** Verbinde jeweils wertgleiche Bruchzahlen mit einer Linie. Jede der vier Bruchketten ergibt von links nach rechts gelesen ein Wort. Diese Aufgabe könnt ihr auch toll zu zweit lösen.

$\frac{20}{24}$ E | $\frac{60}{90}$ N | $\frac{16}{24}$ D | $\frac{12}{18}$ F | $\frac{36}{48}$ T

$\frac{35}{42}$ A | $\frac{48}{72}$ R | $\frac{14}{21}$ U | $\frac{63}{72}$ L

$\frac{21}{28}$ G | $\frac{8}{12}$ O | $\frac{49}{56}$ A

$\frac{28}{32}$ E | $\frac{45}{54}$ S | $\frac{2}{3}$ L

$\frac{36}{54}$ W | $\frac{27}{36}$ R | $\frac{72}{108}$ E

$\frac{56}{64}$ G | $\frac{15}{20}$ E | $\frac{84}{96}$ N | $\frac{35}{40}$ I | $\frac{3}{4}$ A | $\frac{15}{18}$ Y

H2 **137** Ordne die Brüche nach der Größe. Verwende das Zeichen >.

a) $\frac{1}{3}$; $\frac{3}{4}$; $\frac{5}{6}$; $\frac{3}{8}$ b) $\frac{7}{8}$; $\frac{11}{12}$; $\frac{17}{20}$; $\frac{13}{15}$; $\frac{5}{6}$ c) $\frac{7}{9}$; $\frac{19}{24}$; $\frac{15}{18}$; $\frac{13}{16}$; $\frac{31}{36}$

________________ ________________ ________________

________________ ________________ ________________

K I1 H1 H2 K2 **138** Suche zwei oder drei Brüche deiner Wahl, die zwischen den beiden Bruchzahlen liegen.

a) $\frac{1}{2}$ < ☐ < ☐ < $\frac{5}{8}$ b) $\frac{3}{4}$ < ☐ < ☐ < ☐ < $\frac{5}{6}$

c) $\frac{2}{7}$ < ☐ < ☐ < $\frac{1}{3}$ d) $\frac{8}{9}$ < ☐ < ☐ < ☐ < $\frac{9}{10}$

Level 3

H3 **139** Gib die Koordinaten folgender Punkte an.

a)

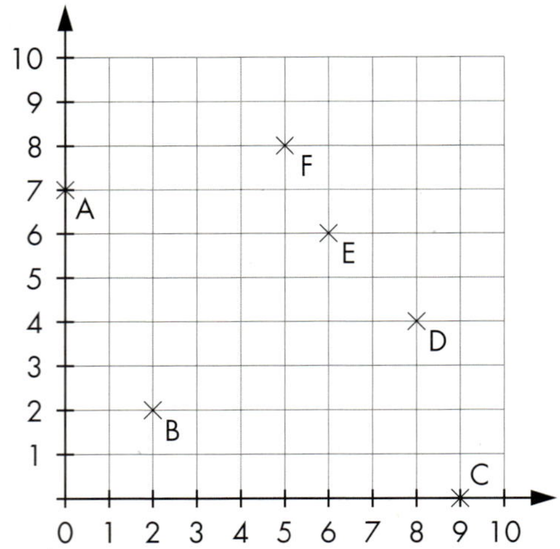

b)

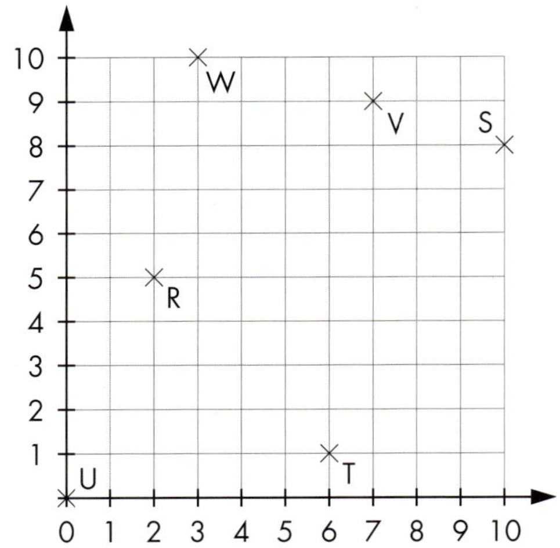

H3 **140** Wie lauten die Koordinaten der Eckpunkte der Figur?

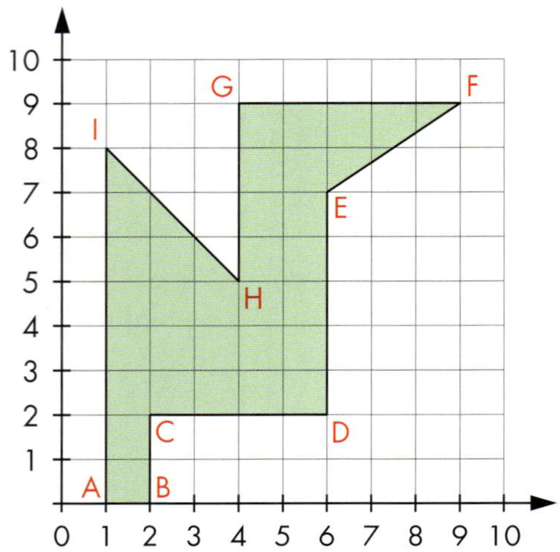

A (/)
B (/)
C (/)
D (/)
E (/)
F (/)
G (/)
H (/)
I (/)

K H2 **141** Zeichne ein rechtwinkliges Koordinatensystem. Verwende für die Strecke $\overline{01}$ die Einheit 5 mm. Die Länge jeder Achse soll mindestens 6 cm betragen. Zeichne folgende Punkte ein.

A (2/7), B (6/1), C (7/7), D (11/9), E (3/3), F (0/10), G (1/9)

H2 **142** Zeichne die Punkte A (3/2), B(0/5), C (7/7) und D (9/0) in ein Koordinatensystem.
Verwende für die Strecke $\overline{01}$ die Einheit 5 mm.

H2 H3 **143** Zeichne folgende Punkte in ein Koordinatensystem ($\overline{01}$ = 1 cm) und verbinde sie nach dem Alphabet.
A (1/1), B (1/5), C (4/1), D (4/5). Welchen Buchstaben erhältst du?

K H2 **144** Zeichne die Figur ABCDE in ein Koordinatensystem ($\overline{01}$ = 1 cm).
A (1/1), B (9/1), C (8/4), D (5/6), E (2/4)

H2 H3 **145** Von einem Rechteck kennt man nur die Eckpunkte A, B und C. Wie lauten die Koordinaten des Punktes D, wenn A (3/1), B (6/1), C (6/4) gegeben sind?
(Beachte: Die Eckpunktebezeichnung erfolgt alphabetisch gegen den Uhrzeigersinn.)

H2 H3 **146** Die zwei Eckpunkte eines Rechtecks sind gegeben: A (0/0), C (7/5). Wie lauten die Koordinaten der Punkte B und D, wenn die Seiten des Rechtecks parallel zu den Achsen verlaufen?

K H2 H3 **147** Zeichne in ein Koordinatensystem die Punkte A (3/1) und B (3/12) ein und eine Gerade durch diese beiden Punkte. Gib die Koordinaten von 2 weiteren Punkten an, die auf dieser Geraden liegen.

H2 H3 **148** Ein Quadrat hat die Eckpunkte A (2/2) und B (6/2). Wie lauten die Koordinaten der Punkte C und D?

H2 H3 **149** In einem Koordinatensystem ist die Zahl 2 dargestellt. Die ersten beiden Punkte haben die Koordinaten (2/5) und (4/5). Welche Koordinaten haben die restlichen Punkte?

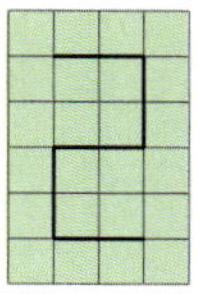

K H2 H3 **150** Von einem Quadrat kennt man nur einen Punkt A (2/2) und die Seitenlänge 5.
Gib die Koordinaten der restlichen Eckpunkte an, wenn die Seiten parallel zu den Achsen verlaufen.

H2 H3 **151** Zeichne die Punkte M (0/1) und N (3/10) in ein Koordinatensystem ($\overline{01}$ = 5 mm) und verbinde sie. Mache dasselbe mit den Punkten X (0/9) und Y (8/1). Die beiden Strecken schneiden einander. Welche Koordinaten hat der Schnittpunkt?

H2 H3 **152** Zeichne ein Koordinatensystem und konstruiere im Punkt M (6/5) einen Kreis mit dem Radius 4 cm. Zeichne die Punkte A (0/5) und B (11/0) und verbinde sie. Markiere die Schnittpunkte des Kreises mit der Verbindungslinie von A und B.
Welche Koordinaten haben diese Punkte ungefähr? Verwende Dezimalzahlen, wenn dies erforderlich ist.

K H2 H3 **153** Zeichne das Quadrat ABCD, von dem die Punkte A, B und der Mittelpunkt M angegeben sind.
A (1/1) , B (5/0), M (3,5/2,5).
Lies die Koordinaten von C und D ab!

H2 H3 **154** Von einem Quadrat kennt man nur den Mittelpunkt und einen Eckpunkt. Kannst du das Quadrat zeichnen?
M (2/2), A (0/0)

H2 H3 **155** In diesem Koordinatensystem sind die Punkte A und B und die verlängerte Diagonale eines Rechtecks eingezeichnet. Kannst du die anderen Punkte des Rechtecks konstruieren?

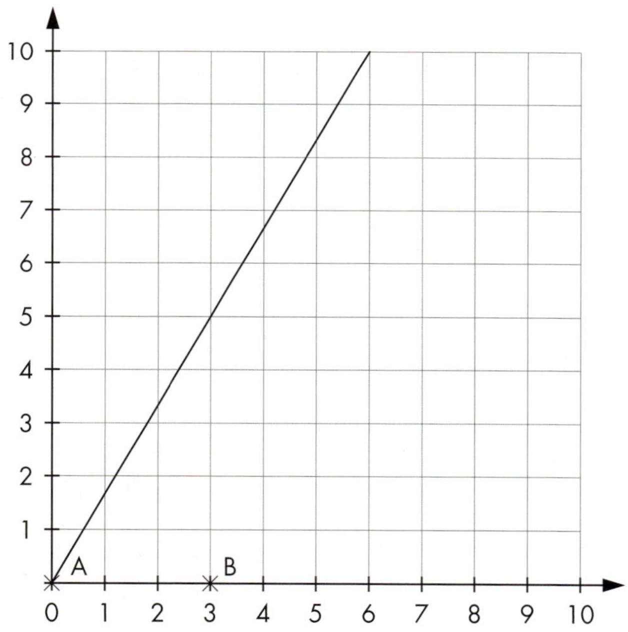

K H2 H3 **156** Ein Rechteck hat die beiden Eckpunkte A (1/1) und C (5/9). Welche Koordinaten müssen die Eckpunkte B und D haben? Kreuze die richtige Antwort an.

☐ a) B (1/5), D (2/5)
☐ b) B (5/1), D (9/5)
☐ c) B (5/1), D (1/9)
☐ d) B (5/5), D (9/9)

Level 3

H2 **157** Schreib den Bruch als Dezimalzahl.

a) $\frac{9}{100}$ = ______ $3\frac{1}{10}$ = ______ $18\frac{24}{100}$ = ______ $2\frac{2}{1000}$ = ______

b) $\frac{25}{100}$ = ______ $2\frac{7}{10}$ = ______ $12\frac{4}{100}$ = ______ $24\frac{67}{1000}$ = ______

c) $4\frac{2}{100}$ = ______ $\frac{37}{10}$ = ______ $19\frac{35}{100}$ = ______ $5\frac{347}{1000}$ = ______

H2 **158** Erweitere auf einen Dezimalbruch und schreibe dann als Dezimalzahl.

zB $\frac{4}{5} = \frac{8}{10} = 0{,}8$

a) $\frac{2}{5}$ = ______ $\frac{3}{8}$ = ______ $9\frac{3}{4}$ = ______ $5\frac{1}{2}$ = ______

b) $3\frac{1}{2}$ = ______ $\frac{7}{25}$ = ______ $7\frac{7}{50}$ = ______ $\frac{1}{200}$ = ______

c) $\frac{16}{500}$ = ______ $\frac{38}{20}$ = ______ $2\frac{71}{125}$ = ______ $\frac{7}{8}$ = ______

H2 **159** Welche Bruchzahl passt zur Dezimalzahl? Überlegt zu zweit und verbindet die beiden Zahlen mit einer Linie.

$\frac{3}{8}$ 0,4 $\frac{3}{50}$ 0,096 $\frac{17}{25}$ 0,375 $\frac{12}{125}$ 0,06 $\frac{2}{5}$ 0,68

H1 **160** Kreuze an, ob die Dezimalzahl endlich oder periodisch ist.

	endliche Dezimalzahl	periodische Dezimalzahl
a) 1,33	☐	☐
b) $1,\dot{3}$	☐	☐
c) 2,05556	☐	☐
d) $0,\dot{2}\dot{3}$	☐	☐
e) 0,105	☐	☐

K I1 H2 K2 **161** Ein Zeichen wurde falsch gesetzt. Korrigiere es.

a) $0{,}8 < \frac{9}{10}$ b) $2\frac{7}{15} > 2{,}5$ c) $3\frac{7}{50} < 3{,}71$ d) $1{,}34 < 1\frac{34}{50}$

H4 **162** 2,08 ist kleiner als 2,8. Kannst du erklären, warum diese Aussage richtig ist?

H2 **163** Schreib jeden unechten Bruch als Dezimalzahl an.

zB $\frac{9}{5} = \frac{18}{10} = 1{,}8$

a) $\frac{15}{4}$ = ______ b) $\frac{32}{20}$ = ______ c) $\frac{33}{8}$ = ______ d) $\frac{37}{4}$ = ______

$\frac{12}{5}$ = ______ $\frac{120}{50}$ = ______ $\frac{125}{8}$ = ______ $\frac{129}{25}$ = ______

H1 **164** Erkläre die beiden Begriffe!

Rein periodische Dezimalzahl:

Gemischt periodische Dezimalzahl:

H1 H3 **165** Schreib die periodische Dezimalzahl in Kurzform an. Kreuze an, ob sie rein periodisch oder gemischt periodisch ist.

	Kurzform	rein periodisch	gemischt periodisch
a) 1,333....	______	☐	☐
b) 0,343434....	______	☐	☐
c) 0,0277......	______	☐	☐
d) 0,363363363...	______	☐	☐
e) 1,7999999....	______	☐	☐

H2 **166** Runde auf zwei Dezimalstellen.

a) $0{,}7\dot{3} \approx$ ______ b) $1{,}\dot{5} \approx$ ______ c) $0{,}0\dot{5} \approx$ ______ d) $0{,}\dot{3} \approx$ ______

$0{,}2\dot{3}\dot{5} \approx$ ______ $2{,}0\dot{6} \approx$ ______ $0{,}\dot{2}\dot{5} \approx$ ______ $2{,}00\dot{6} \approx$ ______

K I1 H2 H3 K2 **167** Nur eine Aufgabe ist richtig gelöst. Welche ist es? Kreuze an.

	richtig	falsch
a) $\frac{7}{9} = 7 : 9 = 0{,}\dot{7}$	☐	☐
b) $7 : 15 = \frac{15}{7} = 2{,}1428594....$	☐	☐

Level 1

H2 H3 **168** Arbeitet in Gruppen.
Wandelt jede Bruchzahl in eine Dezimalzahl um. Wenn ihr richtig rechnet, findet ihr sie in der Grafik wieder. Färbt das entsprechende Feld in der Grafik. Es entsteht ein Lösungswort.

$\frac{35}{50}$

$\frac{50}{100}$ $\frac{15}{50}$ $\frac{225}{100}$ $\frac{3}{5}$ $\frac{7}{70}$ $\frac{15}{20}$

$\frac{7}{100}$ $\frac{22}{20}$ $\frac{18}{9}$ $\frac{6}{50}$ $\frac{4}{5}$ $\frac{12}{18}$

$\frac{72}{40}$ $1\frac{1}{4}$ $\frac{75}{200}$ $1\frac{3}{10}$ $\frac{90}{100}$ $2\frac{7}{10}$ $\frac{7}{3}$ $\frac{100}{250}$

H2 **169** Setze das richtige Zeichen ein: < oder > oder =

a) 3,76 ☐ $3\frac{75}{100}$ b) 5,88… ☐ $5,\dot{8}$ c) $2\frac{15}{180}$ ☐ 2,015

$15\frac{5}{8}$ ☐ 15,625 3,57 ☐ $3,\dot{5}$ $\frac{55}{1000}$ ☐ 0,055

d) 2,05 ☐ $2\frac{5}{10}$ e) $1,\dot{6}$ ☐ 1,7 f) 1,4 ☐ $\frac{42}{3}$

$6\frac{1}{3}$ ☐ 6,3 $\frac{6}{50}$ ☐ $\frac{6}{100}$ $0,\dot{7}$ ☐ 0,77…

K I1 H1 H2 K1 **170** Dreiviertel ist das Fünftel einer Zahl. Wie lautet diese Zahl?

H2 H3 **171** Welche Ausagen sind richtig? Kreuze an.

- ☐ a) $2\frac{2}{3}$ kann in eine rein periodische Dezimalzahl umgewandelt werden.
- ☐ b) 5,676767… ist eine gemischt periodische Dezimalzahl.
- ☐ c) $7\frac{2}{7}$ ist eine gemischte Zahl.
- ☐ d) $\frac{39}{15}$ ergibt beim Umwandeln eine endliche Dezimalzahl.
- ☐ e) $\frac{5}{105}$ kann in einen Dezimalbruch umgewandelt werden.

H2 **172** Ergänze die fehlenden Zahlen. Es gibt viele verschiedene Möglichkeiten. Entscheide selbst!

a) $2{,}\dot{4}$ < ______ < ______ < ______ < 2,9

b) $\frac{7}{20}$ > ______ > ______ > ______ > 0,3

c) 1,8 < ______ < ______ < ______ < $1{,}\dot{8}$

H2 **173** Bruchzahlen und Dezimalzahlen sind durcheinander geraten. Ordne sie, beginne mit der kleinsten Zahl. Zur Erleichterung kannst du den Taschenrechner verwenden.

0,45 | $\frac{13}{50}$ | $\frac{17}{250}$ | 0,066 | $\frac{124}{100}$

0,6 | $\frac{7}{8}$ | $\frac{12}{8}$ | $3\frac{3}{11}$ | 1,585

______ < ______ < ______ < ______ < ______ <

< ______ < ______ < ______ < ______ < ______

K I1 H2 K2 **174** Schreib jeweils die Dezimalzahl an, die um ein Zehntel kleiner ist.

a) $0{,}7\dot{3}$ > ______ b) 1,08 > ______ c) 0,91 > ______ d) $2{,}00\dot{6}$ > ______

$3{,}04$ > ______ 20,2 > ______ $5{,}\dot{8}$ > ______ 10,10 > ______

Level 1

H1 **175** Ordne durch Verbinden mit Linien richtig zu:

26°	273°	114°	308°	71°	9°	165°	182°	89°

Spitzer Winkel | Stumpfer Winkel | Erhabener Winkel

H1 H2 **176** Welchen Winkel bilden Stunden- und Minutenzeiger?

a) b) c) d)

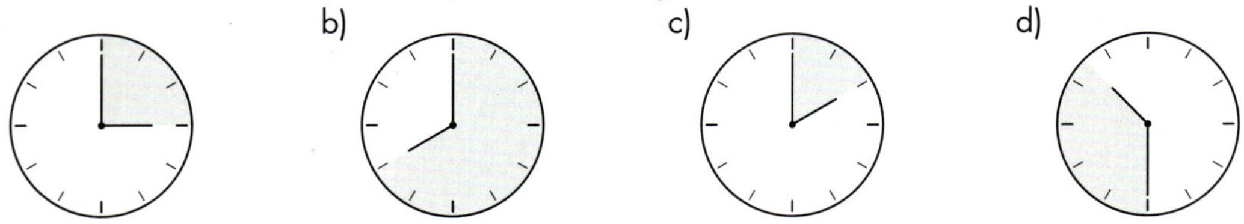

Gib an, um welche Winkelart es sich handelt!

H1 H2 H3 **177** Ordne die Winkel vom größten zum kleinsten Winkel:

___ > ___ > ___ > ___ > ___

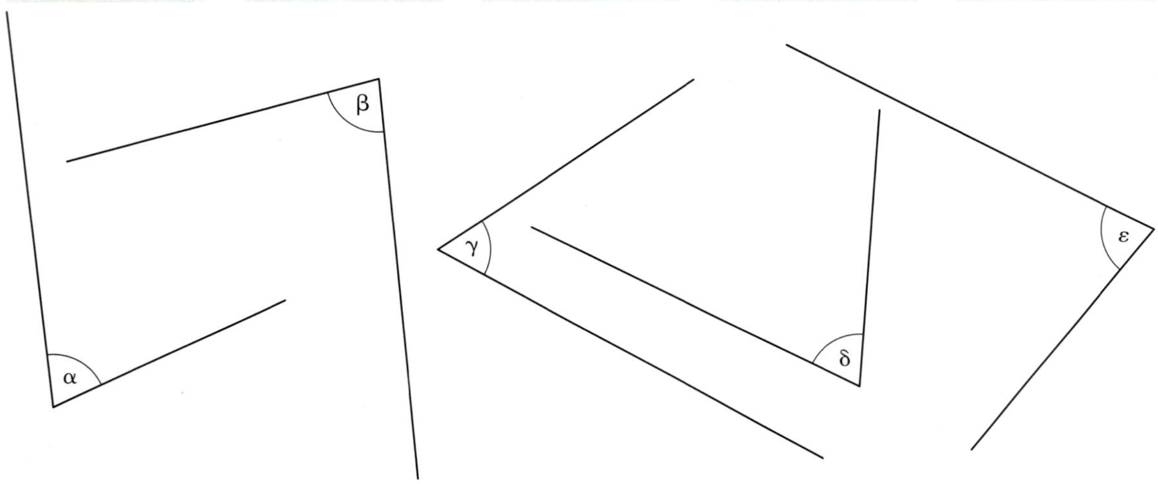

Miss nun die Größe der Winkel und korrigiere gegebenenfalls deine Ordnung.

$\alpha =$ ___ $\beta =$ ___ $\gamma =$ ___ $\delta =$ ___ $\varepsilon =$ ___

K I3 H2 K1 **178** Berechne die komplementären Winkel:

a) $\alpha =$ ___ b) $\beta =$ ___ c) $\gamma =$ ___ d) $\delta =$ ___

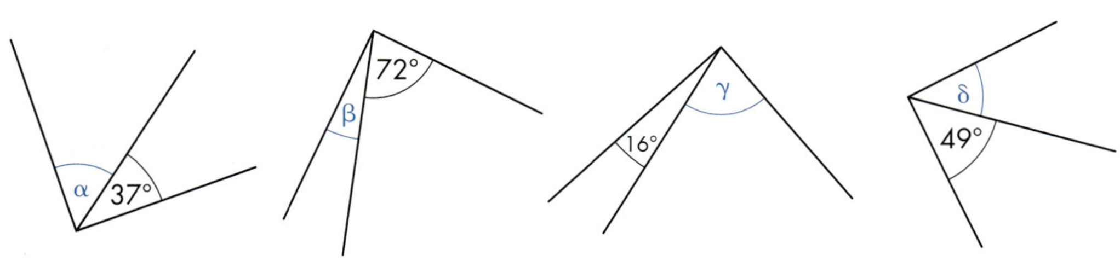

H1 H2 H3 **179** Ordne die entsprechenden Winkelarten zu:

Spitzer Winkel: ______________________ Rechter Winkel: ______________________

Stumpfer Winkel: ______________________ Gestreckter Winkel: ______________________

Erhabener Winkel: ______________________ Voller Winkel: ______________________

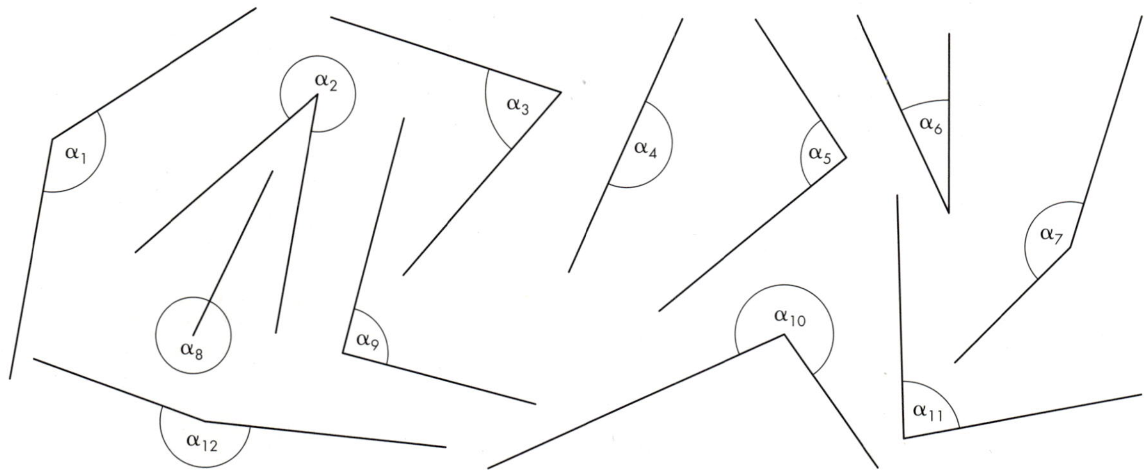

Schätze zuerst die Größe der Winkel. Miss nun die tatsächliche Größe.

	α_1	α_2	α_3	α_4	α_5	α_6
geschätzt						
gemessen						

	α_7	α_8	α_9	α_{10}	α_{11}	α_{12}
geschätzt						
gemessen						

H3 **180** Überprüfe, welche der gegebenen Winkelpaare Parallelwinkel sind. Kreuze an:

☐ a)

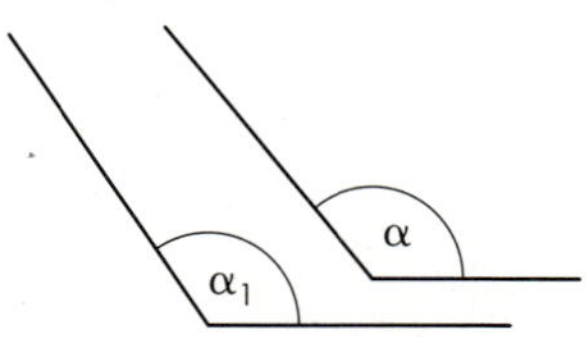

☐ b)

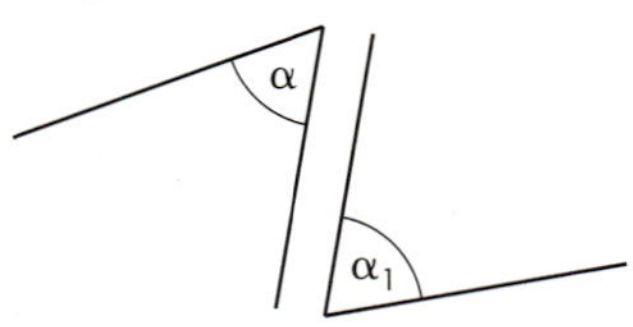

☐ c)

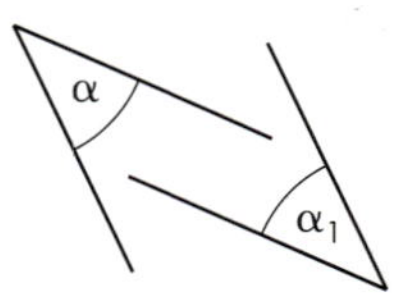

☐ d)

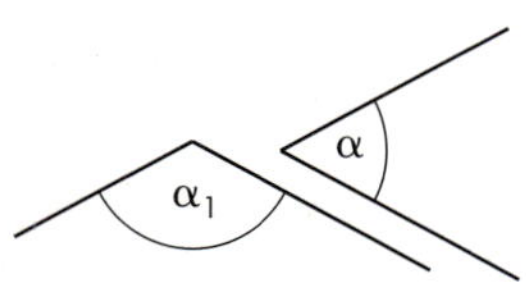

H4 Besprecht zu zweit, warum es sich um Parallelwinkel handelt bzw. warum nicht.

K I3 H1 K1 **181** Markiere alle zu α gleich großen Parallelwinkel blau.
Kennzeichne alle zu β supplementären Parallelwinkel rot.

a)

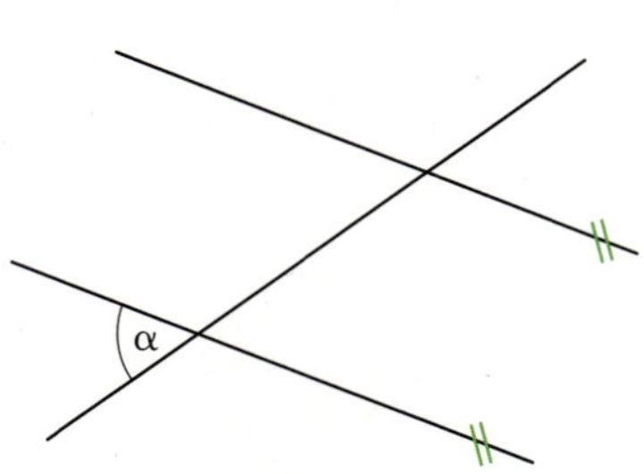

b)

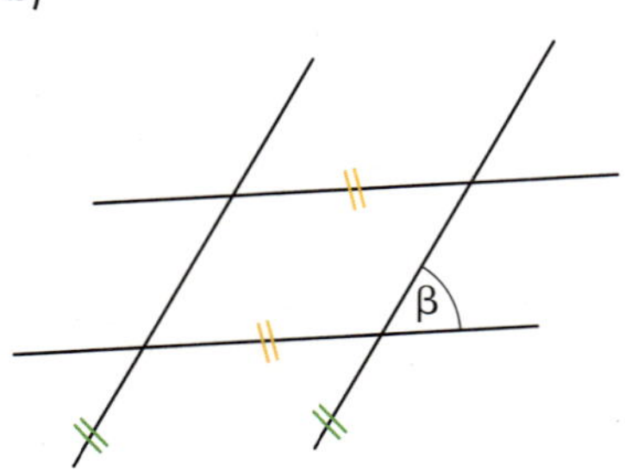

c)

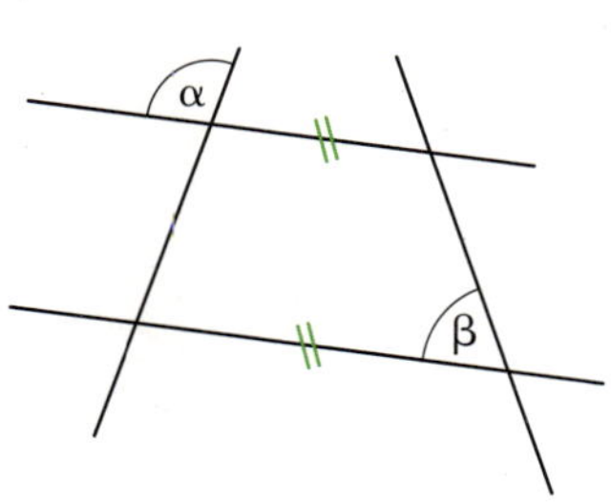

Level 2

H1 H2 **182** Zeichne einen zu α gleich großen Parallelwinkel α_1. Ein Schenkel und der Scheitel sind bereits gegeben. Vergiss nicht, den Winkelbogen und die Beschriftung anzugeben!

a) b) c)

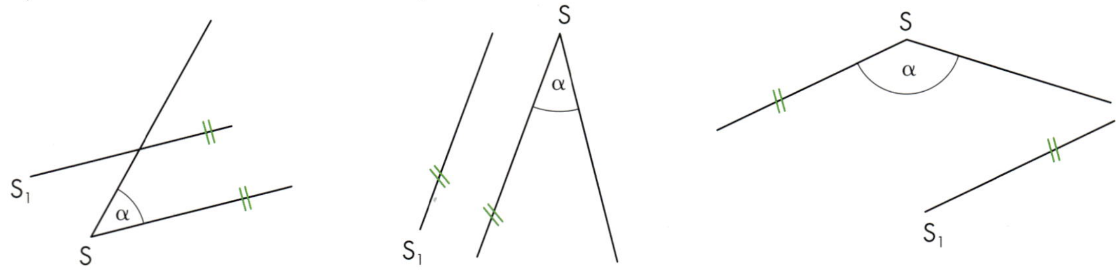

H1 H2 **183** Bestimme die Größe der Winkel α, β, γ und δ, ohne sie zu messen:

a) α = ______ β = ______ b) α = ______ β = ______

γ = ______ δ = ______ γ = ______ δ = ______

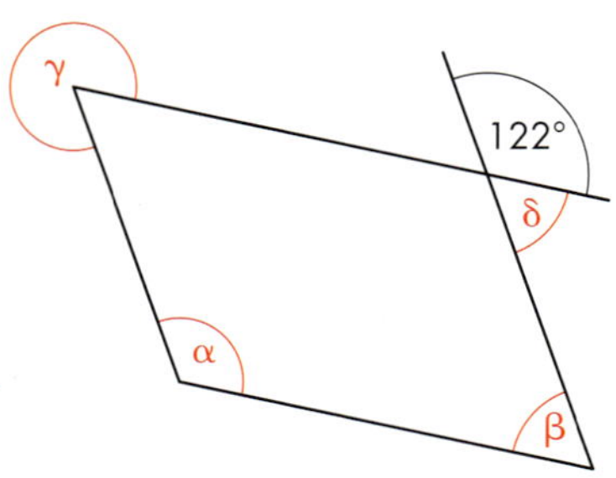

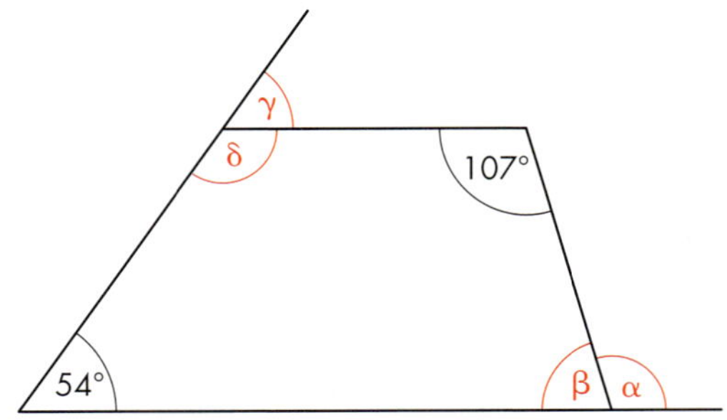

H1 H2 **184** Konstruiere zu dem Winkel α einen gleich großen Parallelwinkel α_1 im Scheitel S_1 und einen supplementären Parallelwinkel α_2 mit dem Scheitel S_2.

a) b)

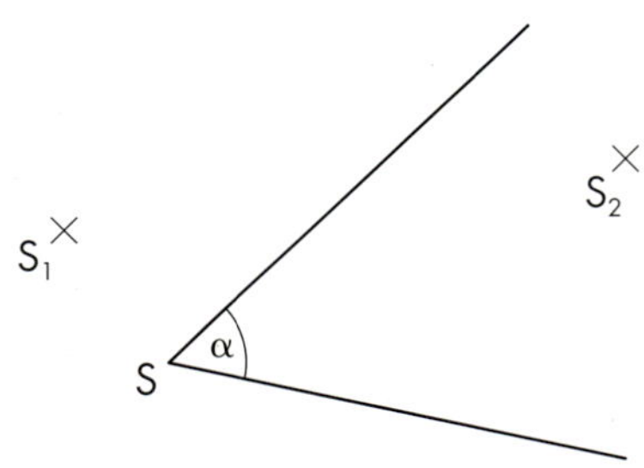

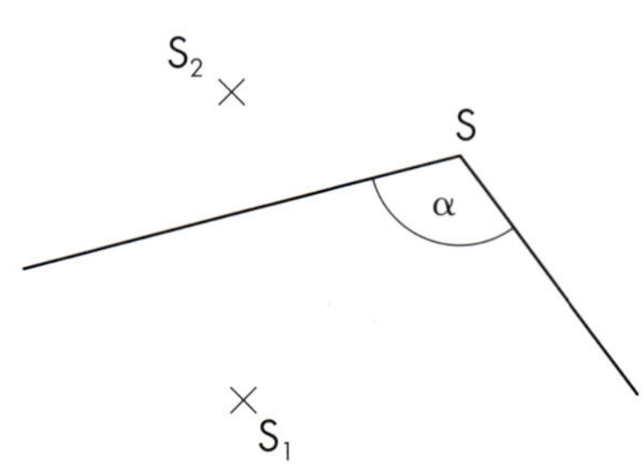

K I3 H3 K2 **185** Welche der Aussagen sind richtig, welche falsch? Kreuze an!

	richtig	falsch
a) Nebenwinkel sind immer gleich groß.	☐	☐
b) Zwei Winkel die sich auf 180° ergänzen nennt man Supplementärwinkel.	☐	☐
c) Scheitelwinkel sind auch Parallelwinkel.	☐	☐
d) Parallelwinkel können gleich groß oder supplementär sein.	☐	☐
e) Zwei nebeneinader liegende Winkel mit dem selben Scheitel nennt man Nebenwinkel.	☐	☐

H1 H3 **186** Bestimme, um welchen Winkel sich der Minutenzeiger in der entsprechenden Zeitspanne dreht! Kreuze das Kästchen mit der richtigen Winkelangabe an!

a) 23 min
- ☐ 118°
- ☐ 123°
- ☐ 138°
- ☐ 157°

b) 1 h 37 min
- ☐ 482°
- ☐ 522°
- ☐ 547°
- ☐ 582°

c) 20 sec
- ☐ 0,3°
- ☐ 1°
- ☐ 2°
- ☐ 5°

d) 12 min 40 sec
- ☐ 70°
- ☐ 76°
- ☐ 80°
- ☐ 82°

H1 H2 **187** Zeichne zu β einen gleich großen Normalwinkel β_1 im Scheitel S_1 und einen supplementären Normalwinkel β_2 mit dem Scheitel S_2.

a)

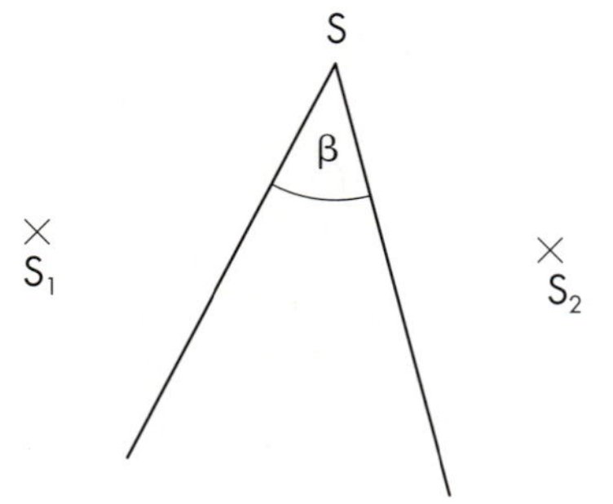

b)

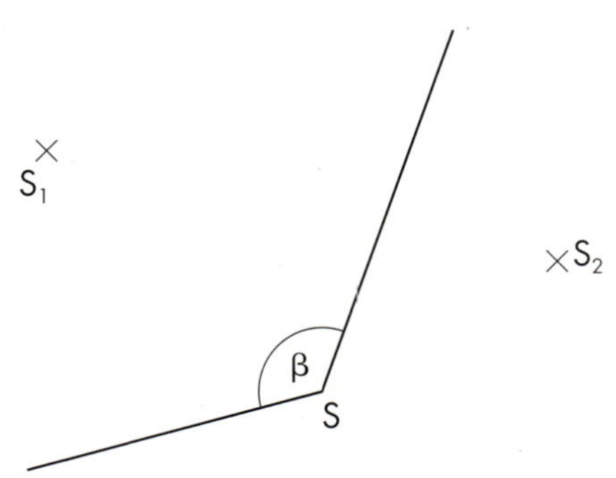

H2 **188** Ermittle die Größe des Winkels α:

a) α =

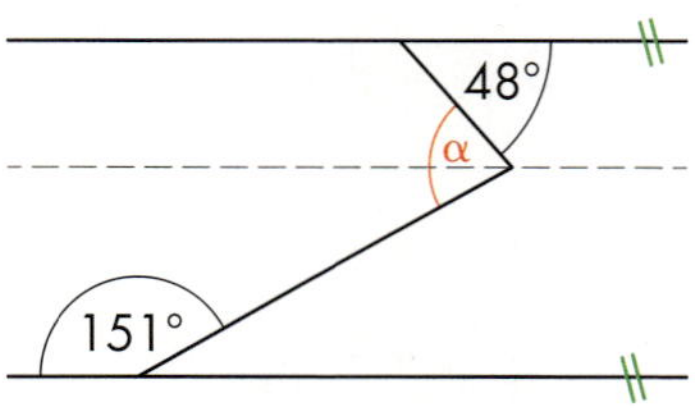

b) α =

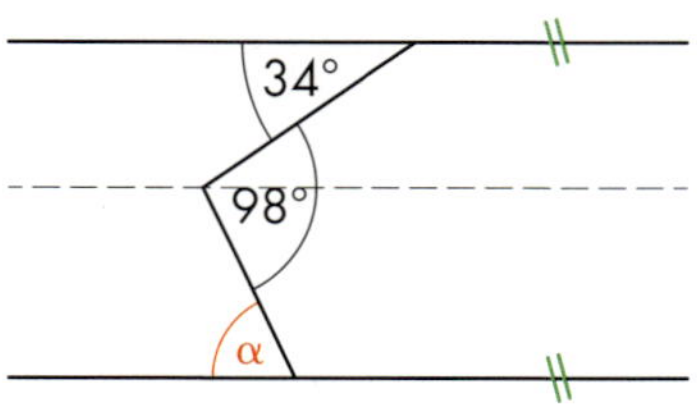

c) α =

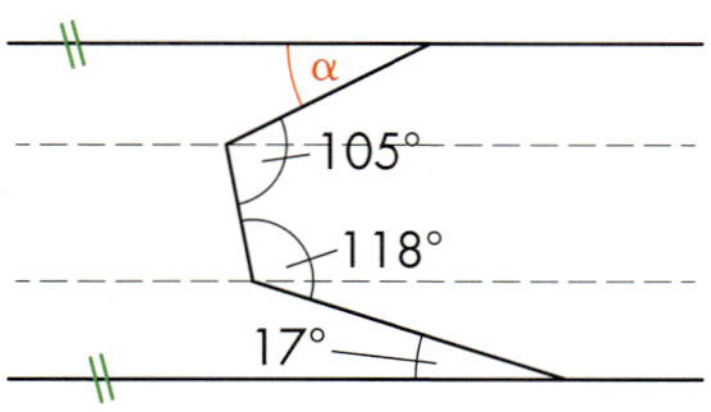

K I3 H3 K2 **189** Wie groß ist der Winkel α? Kreuze die richtige Winkelangabe an:

a)
- ☐ α = 43°
- ☐ α = 50°
- ☐ α = 63°
- ☐ α = 67°
- ☐ α = 73°
- ☐ α = 77°

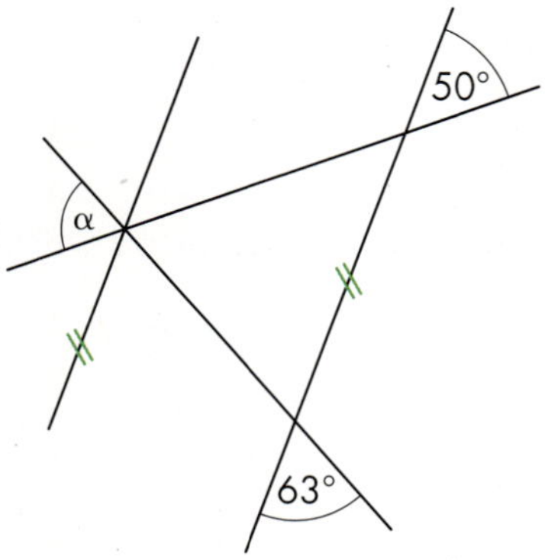

b)
- ☐ α = 54°
- ☐ α = 62°
- ☐ α = 65°
- ☐ α = 71°
- ☐ α = 73°
- ☐ α = 79°

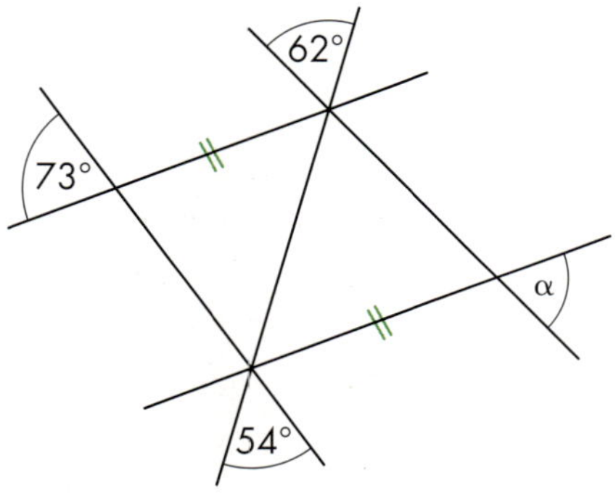

Level 3

Level 1

H2 **190** Berechne:

a) $\frac{5}{7}+\frac{3}{7}=$ b) $\frac{5}{8}+\frac{2}{8}=$ c) $\frac{3}{5}+\frac{6}{5}=$ d) $\frac{2}{3}+\frac{1}{3}=$

$\frac{5}{9}+\frac{3}{9}=$ $\frac{5}{7}+\frac{2}{7}=$ $\frac{3}{4}+\frac{6}{4}=$ $\frac{2}{5}+\frac{1}{5}=$

H2 **191** Berechne:

a) $\frac{4}{7}-\frac{3}{7}=$ b) $\frac{7}{8}-\frac{2}{8}=$ c) $\frac{13}{5}-\frac{6}{5}=$ d) $\frac{2}{3}-\frac{1}{3}=$

$\frac{4}{9}-\frac{3}{9}=$ $\frac{7}{6}-\frac{2}{6}=$ $\frac{13}{7}-\frac{6}{7}=$ $\frac{2}{5}-\frac{1}{5}=$

H2 **192** Addiere und ergänze die Tabelle, manchmal kannst du auch kürzen:

+	$\frac{3}{12}$	$\frac{7}{12}$	$\frac{5}{12}$	$\frac{9}{12}$	$\frac{1}{12}$
$\frac{5}{12}$					

H2 **193** Ergänze den fehlenden Zähler oder Nenner:

a) $\frac{5}{7}-\frac{\square}{7}=\frac{1}{7}$ b) $\frac{3}{5}-\frac{2}{\square}=\frac{1}{5}$ c) $\frac{4}{9}+\frac{\square}{9}=1$ d) $\frac{12}{3}-\frac{\square}{3}=1\frac{1}{3}$

$\frac{2}{9}+\frac{\square}{9}=1$ $\frac{7}{3}-\frac{\square}{3}=1\frac{1}{3}$ $\frac{\square}{7}-\frac{2}{7}=\frac{5}{7}$ $\frac{3}{8}-\frac{2}{\square}=\frac{1}{8}$

H2 **194** Berechne und vereinfache:

a) $4\frac{4}{9}-2\frac{3}{9}=$ b) $6\frac{5}{11}-5\frac{2}{11}=$

$2\frac{5}{8}+1\frac{3}{8}=$ $3\frac{5}{5}-2\frac{3}{5}=$

H2 **195** Berechne und vereinfache:

a) $2\frac{4}{7}-\left(1\frac{3}{7}+2\frac{1}{7}-3\frac{2}{7}\right)=$ b) $\left(\frac{3}{15}+\frac{7}{15}\right)-\left(\frac{11}{15}-\frac{6}{15}\right)=$

K H1 H2 H3 K2 **196** Welche Gleichungen haben dieselbe Lösung? Kreuze an.

☐ a) $\frac{5}{7}-x=\frac{1}{7}$ ☐ b) $\frac{1}{7}+x=1$

☐ c) $x=1\frac{1}{7}-\frac{4}{7}$ ☐ d) $\frac{5}{7}+x=1\frac{1}{7}$

H1 H2 **197** Erweitere die Brüche so, dass sie gleichnamig sind.

zB $\frac{3}{5}; \frac{4}{10} \rightarrow \frac{6}{10}; \frac{4}{10}$

a) $\frac{5}{2}; \frac{3}{4}$

b) $\frac{3}{5}; \frac{7}{15}$

H2 **198** Berechne.

a) $\frac{5}{2} + \frac{3}{4} =$

b) $\frac{3}{5} + \frac{7}{15} =$

c) $\frac{5}{2} - \frac{3}{4} =$

d) $\frac{3}{5} - \frac{7}{15} =$

H1 H2 **199** Franziska füllt 4 verschieden große Gläser voll: $\frac{1}{4}$ Liter, $\frac{1}{2}$ Liter, $\frac{1}{8}$ Liter, $\frac{3}{8}$ Liter.
Welche Menge Flüssigkeit benötigt sie dafür?

H2 **200** Berechne:

a) $1\frac{5}{7} + \frac{3}{7} =$

$1\frac{4}{9} - \frac{3}{9} =$

b) $2\frac{5}{8} + \frac{2}{8} =$

$2\frac{7}{6} - 1\frac{2}{6} =$

c) $1\frac{3}{5} + \frac{6}{5} =$

$\frac{13}{7} - 1\frac{6}{7} =$

d) $2\frac{2}{3} + \frac{1}{3} =$

$2\frac{2}{5} - 1\frac{1}{5} =$

H2 **201** Gib das Ergebnis als gemischte Zahl an.

a) $\frac{5}{2} + \frac{4}{2} =$

$\frac{5}{9} + \frac{11}{9} =$

b) $\frac{15}{7} + \frac{13}{7} =$

$\frac{5}{3} + \frac{3}{3} =$

c) $\frac{5}{8} + \frac{7}{8} =$

$\frac{5}{5} + \frac{4}{5} =$

H2 **202** Gib das Ergebnis als gemischte Zahl an.

a) $\frac{7}{2} - \frac{4}{2} =$

$\frac{25}{9} - \frac{11}{9} =$

b) $\frac{15}{7} - \frac{3}{7} =$

$\frac{15}{3} - \frac{8}{3} =$

c) $\frac{11}{8} - \frac{2}{8} =$

$\frac{13}{5} - \frac{4}{5} =$

K H1 H2 H3 K2 **203** Sarah verdient im Monat 1 800 €. Ein Drittel davon benötigt sie für die Miete, ein Sechstel für Nahrung und Kleidung. Ein Viertel möchte sie sparen.
Besprecht zu zweit, welche Aussagen richtig sind und kreuzt sie an.

- ☐ a) Sarah hat noch 450 € zur freien Verfügung.
- ☐ b) Sie muss sich 300 € von ihren Eltern leihen, um sich einen Urlaub um 750 € leisten zu können.
- ☐ c) Sie muss ihre Sparquote um 50 € erhöhen, dann hat sie in einem Jahr 6 000 € gespart.

Level 2

H1 H2 **204** Erweitere die Brüche so, dass sie gleichnamig sind.

zB $\frac{3}{5}, \frac{4}{7} \rightarrow \frac{21}{35}, \frac{20}{35}$

a) $\frac{5}{7}, \frac{3}{4}$

b) $\frac{3}{5}, \frac{5}{8}$

H1 H2 **205** Suche jeweils das kleinste gemeinsame Vielfache der beiden Zahlen (den gemeinsamen Nenner).

	2	3	4	5	6	7
3						
5						
12						
15						
18						

H2 **206** Berechne:

zB $\frac{4}{5} + \frac{3}{4} = \frac{16+15}{20} = \frac{31}{20}$

a) $\frac{3}{5} + \frac{7}{8} =$

b) $\frac{2}{7} + \frac{3}{4} =$

H1 H2 H3 K3 **207** Frau Sparsam schenkt ihren vier Enkeln ihr Erspartes in Höhe von 36 000 €.
Veronika erhält ein Drittel, Sebastian ein Sechstel und Nikola ein Neuntel.
Welche der Aussagen sind richtig, welche falsch?

	richtig	falsch
a) Für Johanna verbleiben zwei Sechstel.	☐	☐
b) Es bleiben sieben Achtzehntel für Johanna übrig.	☐	☐
c) Johanna erhält drei Neuntel.	☐	☐
d) Sie hat noch 14 000 € zu verschenken.	☐	☐

H2 **208** Berechne:

zB $\frac{4}{5} - \frac{3}{4} = \frac{16-15}{20} = \frac{1}{20}$

a) $\frac{4}{5} - \frac{3}{8} =$

b) $\frac{5}{7} - \frac{1}{4} =$

H2 **209** Berechne die gesuchte Zahl.

a) $x - \frac{5}{7} = \frac{1}{2}$

b) $x + \frac{3}{8} = \frac{3}{4}$

c) $x - \frac{1}{3} = \frac{3}{4}$

K H1 H3 K2 **210** Findet zu zweit heraus, welche Rechnung zu folgendem Text passt. Kreuzt richtig an.

Die Summe von $\frac{3}{5}$ und $\frac{4}{7}$ wird durch $\frac{2}{3}$ geteilt.

☐ a) $\frac{3}{5} + \frac{4}{7} : \frac{2}{3} =$

☐ b) $\left(\frac{3}{5} + \frac{4}{7}\right) : \frac{2}{3} =$

☐ c) $\frac{3}{5} - \frac{4}{7} : \frac{2}{3} =$

H1 H2 **211**

Diese Tafel Schokolade lässt sich gut aufteilen. Sie hat 6 Rippen zu je 4 Stück.

Wie viele Kinder könnte man gerecht beschenken, ohne ein Stückchen Rest zu erhalten?

H1 H2 **212** Berechne den Umfang des Dreiecks: $a = \frac{2}{5}$ m, $b = \frac{1}{2}$ m, $c = \frac{7}{10}$ m.

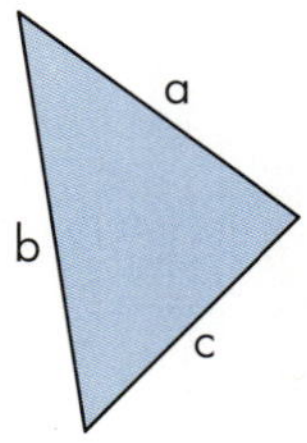

H1 H2 **213** Wie viel fehlt bis zum nächsten Ganzen?

a) $\frac{5}{7} + \square = $ ______	b) $2\frac{2}{7} + \square = $ ______	b) $4\frac{1}{7} + \square = $ ______
$3\frac{5}{9} + \square = $ ______	$1\frac{5}{6} + \square = $ ______	$\frac{3}{8} + \square = $ ______
$4\frac{1}{3} + \square = $ ______	$1\frac{5}{9} + \square = $ ______	$1\frac{1}{4} + \square = $ ______

H1 H2 **214** Von einer Riesenpizza werden nacheinander folgende Teile herunter geschnitten:

$\frac{1}{3}, \frac{1}{4}, \frac{1}{6}, \frac{1}{8}, \frac{1}{12}$ und $\frac{1}{24}$. Wie viel bleibt noch übrig?

H2 **215** Berechne:

a) $4\frac{2}{9} - 2\frac{5}{9} =$

b) $6\frac{5}{11} - 5\frac{7}{11} =$

K H1 H3 K2 **216** 8 von 24 Kindern einer Klasse erhalten auf den Biologietest ein „Sehr gut".
Welche Behauptungen kannst du aufgrund dieser Information aufstellen? Kreuze an.

- ☐ a) Zwei Drittel der Kinder haben kein Sehr gut.
- ☐ b) Ein Viertel der Kinder war krank.
- ☐ c) Ein Sechstel der Kinder hat geschummelt.
- ☐ d) Ein Drittel der Schülerinnen und Schüler haben sich sehr gut vorbereitet.

Level 2

Level 3

H1 H3 **217** Ergänze jeweils zu einem Dreivierteltakt:

a) 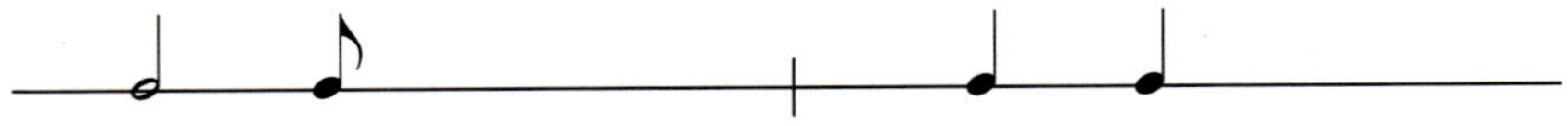

b) 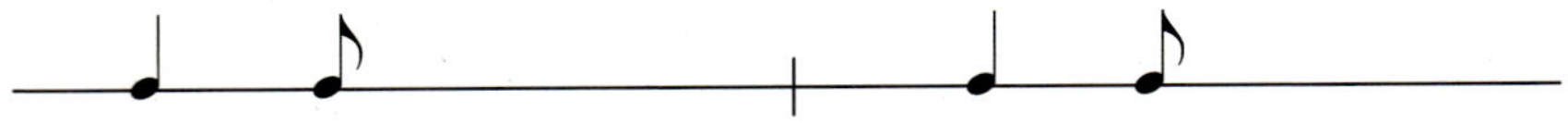

c) 

H1 H2 **218** Von einer Tonne Rindenmulch werden von den Gartenbesitzern immer wieder kleinere Mengen entnommen: $\frac{4}{20}$ t; $\frac{1}{5}$ t; $\frac{7}{100}$ t; $\frac{1}{4}$ t; $\frac{1}{10}$ t; $\frac{3}{50}$ t. Wie viele kg sind noch gelagert?

a)

b)

c)

H1 H2 **219** Im Rahmen eines Charitylaufes laufen die Schülerinnen und Schüler für einen guten Zweck. Sponsoren unterstützen diese Aktion mit 10 € pro Kilometer. 8 Kinder der 1B-Klasse laufen folgende Streckenlängen:

$5\frac{1}{2}$ km, $6\frac{1}{4}$ km, $8\frac{1}{2}$ km, $4\frac{3}{4}$ km, $7\frac{1}{2}$ km, $6\frac{1}{2}$ km, $7\frac{1}{4}$ km, $5\frac{3}{4}$ km

Wie viel Geld haben diese Kinder „erlaufen"?

H1 H3 **220** Vermindere das Produkt von $2\frac{5}{9}$ und $2\frac{1}{2}$ um $1\frac{5}{7}$. Wie lautet die Rechnung? Kreuze an.

☐ a) $2\frac{5}{9} + 2\frac{1}{2} : 1\frac{5}{7} =$

☐ b) $2\frac{5}{9} \cdot 2\frac{1}{2} - 1\frac{5}{7} =$

☐ c) $2\frac{5}{9} \cdot \left(2\frac{1}{2} - 1\frac{5}{7}\right) =$

K H1 H2 K2 **221** Der Altersunterschied zwischen zwei Brüdern beträgt $3\frac{1}{2}$ Jahre.
Der ältere Bruder ist $14\frac{1}{4}$ Jahre. Wie alt ist der Jüngere von beiden? Kreuze an.

☐ a) $11\frac{3}{4}$ ☐ b) $10\frac{3}{4}$ ☐ c) $10\frac{1}{2}$ ☐ d) $11\frac{1}{4}$

H1 H2 **222** Von einem Meter Doppelklebeband werden mehrere Teile abgeschnitten. Wie viel bleibt übrig, wenn nacheinander $\frac{1}{5}$ m, $\frac{3}{10}$ m, $\frac{1}{4}$ m und $\frac{3}{20}$ m abgeschnitten werden?

H1 H2 **223** Wie viele Minuten verbleiben von einer Stunde, nachdem du folgende Zeitspannen subtrahiert hast?

$\frac{1}{3}$ h; $\frac{1}{4}$ h; $\frac{1}{6}$ h; $\frac{1}{8}$ h; $\frac{1}{12}$ h

H1 H2 H3 **224** Richtig oder falsch? Schreibe r oder f in das Kästchen. Korrigiere Fehler!

a) $3 + \frac{2}{5} = \frac{5}{5}$ ☐ $\quad$ b) $2 + \frac{1}{4} = 2\frac{1}{4}$ ☐

$5 - \frac{4}{7} = \frac{1}{7}$ ☐ $\quad$ $3 - \frac{5}{9} = 2\frac{4}{9}$ ☐

H1 H2 H3 **225** Berechne die Summe. Was fällt dir auf?

$\frac{1}{2} + \frac{1}{3} + \frac{1}{6} =$

H2 **226** Berechne:

a) $4 - 2\frac{1}{4} + 3\frac{1}{8} + 1\frac{3}{4} - 1\frac{1}{3} - 3\frac{4}{6} =$

b) $12 - 3\frac{1}{8} + 2\frac{3}{4} - 2\frac{1}{2} =$

K H1 H4 K3 **227** Erkläre deiner Sitznachbarin oder deinem Sitznachbar mit eigenen Worten, wie du zwei Bruchzahlen addierst oder subtrahierst und erkläre die Fehler in den von Toni gerechneten Aufgaben.

a) $\frac{2}{3} + \frac{3}{4} = \frac{5}{7}$ $\quad$ b) $1\frac{1}{2} - \frac{3}{4} = \frac{3}{2} - \frac{3}{4} = \frac{1}{4}$

Level 1

H2 **228** Zeichne in das Raster eine zweite, kongruente Figur.

a)

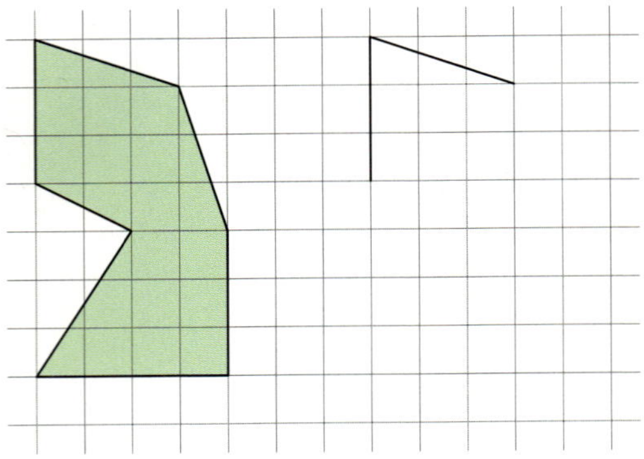

b)

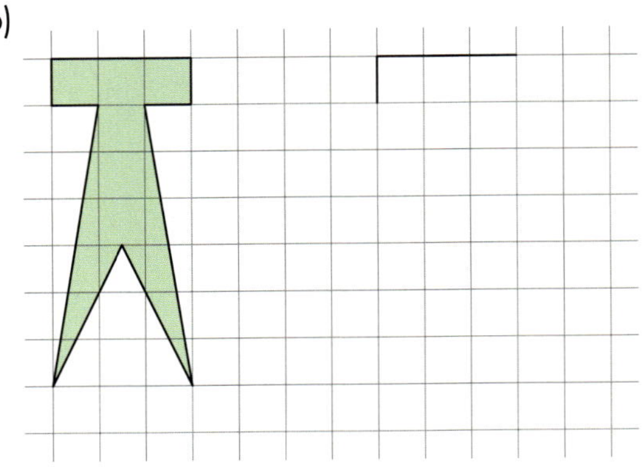

H2 **229** Zeichne zwei kongruente Figuren in das Raster ein.

K H3 H4 **230** Sind die beiden Figuren kongruent? Begründe deine Antwort.

Begründung: ______________________

____

____

____

____

____

____

____

____

____

H2 **231** Ergänze die Figur symmetrisch zur Achse.

a)

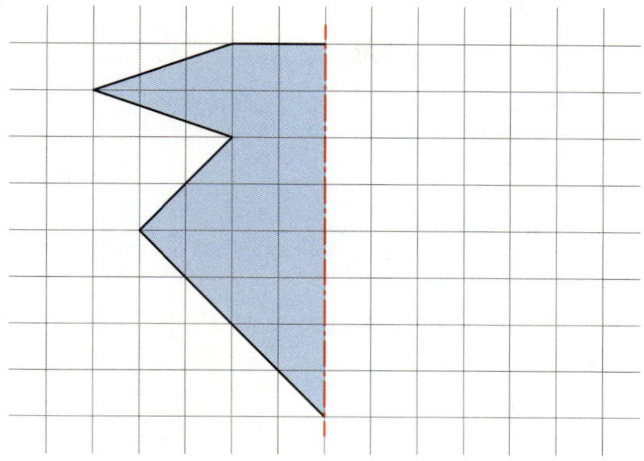

b)

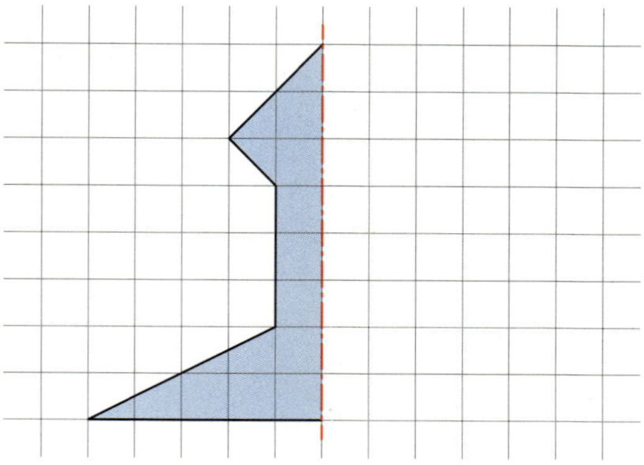

H2 H3 **232** Wie spät ist es auf der „Spiegeluhr"?

K H3 **233** Welche der folgenden Paare zeigen kongruente Figuren? Kreuze sie an.

☐ a)

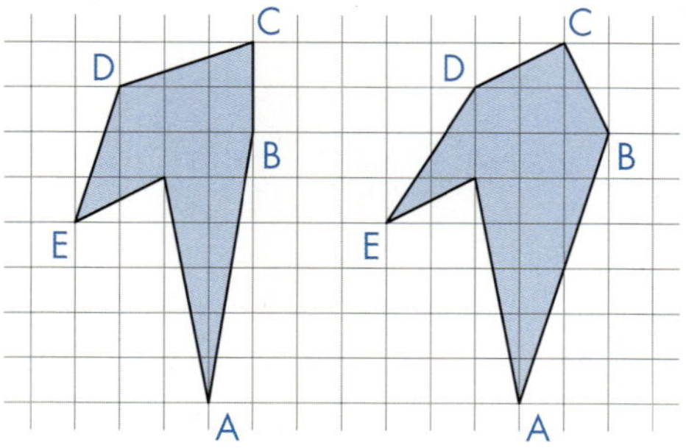

☐ b)

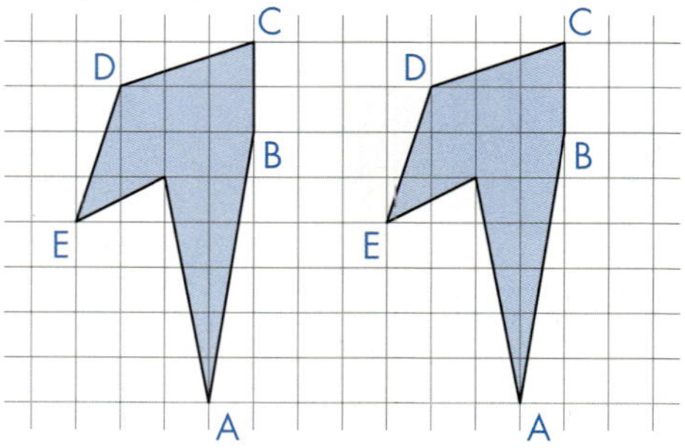

☐ c)

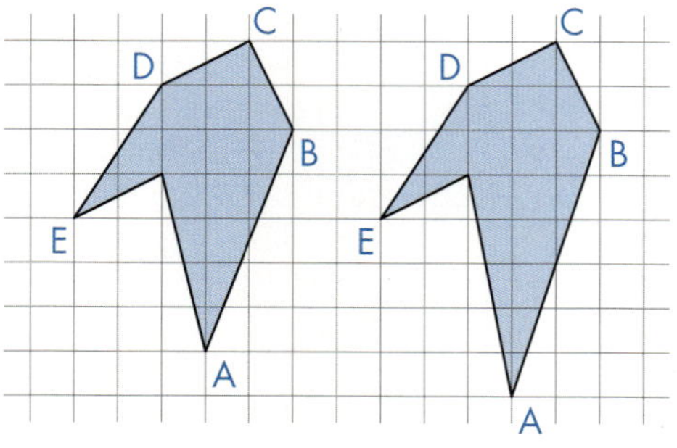

☐ d)

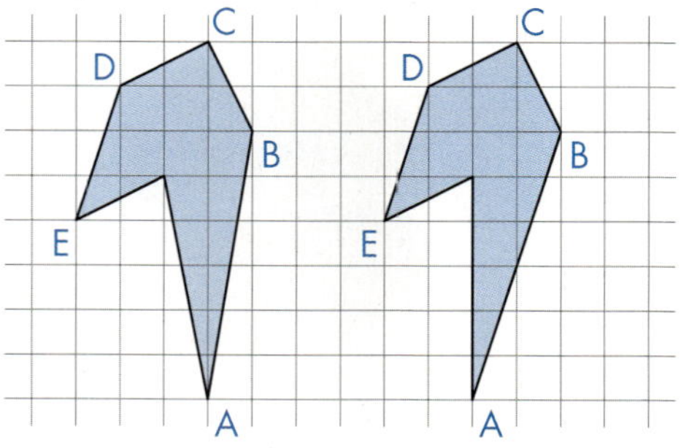

Level 1

Level 2

H2 **234** Vervollständige die Figur symmetrisch zu den beiden Symmetrieachsen.

a)

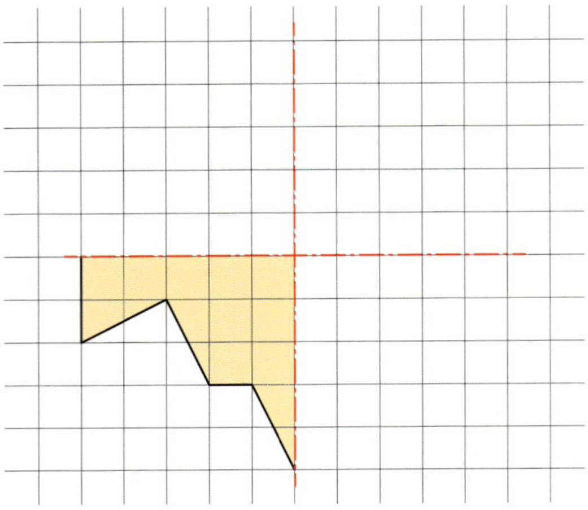

b)

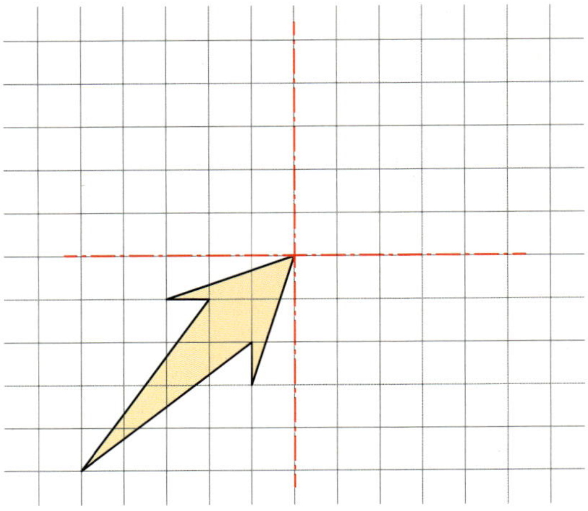

H2 H3 **235** Zeichne ein Viereck mit folgenden Eckpunkten in ein Koordinatensystem.
A (1/5); B (2/3); C (0/1); D (5/2).
Spiegle dieses Viereck an der Achse a, die durch den Punkt D geht und parallel zur y-Achse ist.

K H2 H3 **236** Ist dieses Kleeblatt symmetrisch? Begründe deine Antwort.

Fotolia.com/by-studio

Begründung: ______________________

____

____

____

____

____

H2 H3 **237** Konstruiere die Streckensymmetrale zur gegebenen Strecke mit Zirkel und Lineal.

a) $\overline{AB}$ = 80 mm

b) $\overline{CD}$ = 1,4 dm

H2 H3 **238** Konstruiere die Winkelsymmetrale.

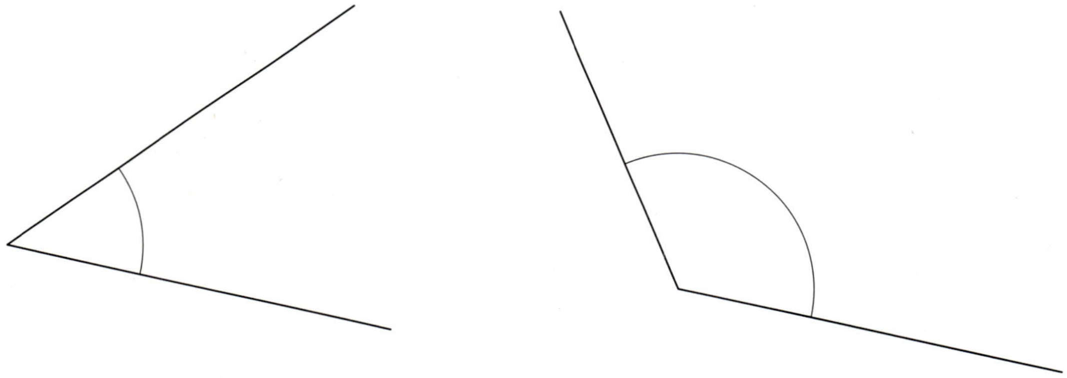

K **239** H2 H3 In einem Koordinatensystem kennt man die Punkte A (6/2) und B (1/5). Konstruiere den Halbierungspunkt der Strecke AB und gib seine Koordinaten an.

Level 1

H2 **240** Berechne:

a) $\frac{5}{6} \cdot \frac{1}{2} =$ b) $\frac{2}{3} \cdot \frac{4}{5} =$ c) $\frac{5}{7} \cdot \frac{2}{3} =$

H2 **241** Berechne:

zB $\frac{3}{4} : \frac{2}{5} = \frac{3}{4} \cdot \frac{5}{2} = \frac{15}{8} = 1\frac{7}{8}$

a) $\frac{5}{6} : \frac{1}{2} =$ b) $\frac{2}{3} : \frac{4}{5} =$ c) $\frac{5}{7} : \frac{2}{3} =$

H2 **242** Berechne:

a) $\frac{5}{2} \cdot \frac{3}{4} =$ b) $\frac{2}{7} \cdot \frac{5}{9} =$ c) $\frac{5}{8} \cdot \frac{7}{10} =$

$\frac{5}{2} : \frac{3}{4} =$ $\frac{2}{7} : \frac{5}{9} =$ $\frac{5}{8} : \frac{7}{10} =$

H1 H2 **243** Bilde das Produkt und den Quotienten der Zahlen $\frac{3}{5}$ und $\frac{7}{8}$.

H2 **244** Berechne:

a) $1\frac{5}{7} \cdot \frac{3}{5} =$ b) $2\frac{5}{8} : \frac{2}{4} =$ c) $1\frac{3}{5} \cdot \frac{6}{2} =$ d) $2\frac{2}{3} : \frac{1}{3} =$

$1\frac{5}{9} \cdot \frac{3}{7} =$ $2\frac{7}{6} : 1\frac{2}{3} =$ $\frac{1}{7} \cdot 1\frac{1}{2} =$ $2\frac{2}{5} : 1\frac{1}{5} =$

K H1 H2 K2 **245** Ein Anfängerstück für Blockflöte besteht aus 26 Viertelnoten, 14 halben Noten und 12 Achtelnoten.
Aus wie vielen Dreivierteltakten besteht das Stück? Besprecht eure Lösungen zu zweit.

Fotolia.com/Alexander Tarasov

K H1 H4 K3 **246** Erkläre deiner Sitznachbarin oder deinem Sitznachbarn mit eigenen Worten, wie du Bruchzahlen multiplizierst oder dividierst.

H2 **247** Berechne A und u vom Quadrat:

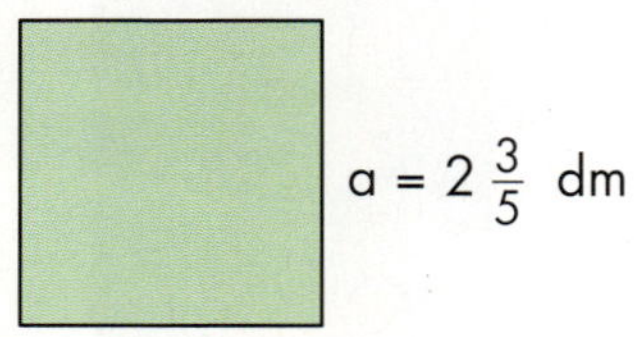

H2 **248** Berechne A und u vom Rechteck:

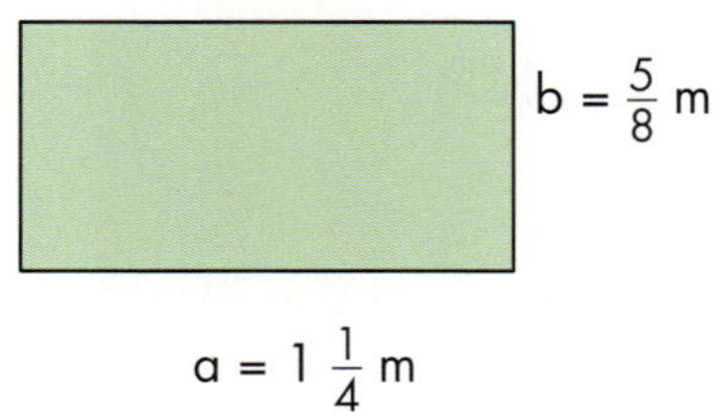

H2 **249** Berechne:

a) $\frac{4}{5} + \frac{1}{2} \cdot \frac{3}{10} =$

b) $\frac{3}{4} - \frac{1}{2} \cdot \frac{2}{3} =$

H2 **250** Berechne

a) $\frac{5}{6} \cdot 9 =$

b) $1\frac{2}{3} \cdot 2\frac{3}{5} =$

c) $1\frac{1}{3} \cdot 2\frac{3}{4} \cdot \frac{1}{5} =$

H2 **251** Berechne:

a) $\frac{3}{4} : \frac{5}{6} =$

b) $\frac{5}{8} : 1\frac{2}{10} =$

c) $\frac{1}{3} : \frac{3}{5} =$

K H1 H2 H3 K1 **252** Gegeben sind die Bruchzahlen $\frac{4}{5}$ und $\frac{3}{7}$.
Was ist größer? Das Produkt oder die Summe der beiden Zahlen?

Level 1

H1 H2 **253** Das quaderförmige Schwimmbecken in Familie Leitners Garten ist $7\frac{1}{2}$ m lang und $4\frac{8}{10}$ m breit. Das Wasser steht $1\frac{1}{2}$ m hoch.

Berechne die Wassermenge im Schwimmbecken in m^3.

Fotolia.com/Zauberhut

H2 **254** Berechne! Welche Rechenregeln sind zu beachten?

$\frac{21}{100} \cdot \frac{4}{7} + \left(\frac{5}{8} + \frac{11}{12}\right) : \left(\frac{5}{24} + \frac{5}{6}\right) =$

H1 H2 H3 K2 **255** Bei der Schularbeit erreicht Miriam $\frac{7}{10}$ von 50 Punkten, ihre Freundin Britta $\frac{4}{5}$ aller Punkte.

Welche Aussagen sind richtig? Kreuze sie an.

- ☐ a) Miriam schafft 35 Punkte.
- ☐ b) Britta erreicht um 5 Punkte mehr als ihre Freundin.
- ☐ c) Britta erreicht 38 Punkte.
- ☐ d) Britta fehlen auf die Höchstpunkteanzahl weniger Punkte als Miriam.

H2 **256** Berechne:

a) $6\frac{1}{4} : 1\frac{7}{8} - 2\frac{1}{2} : 1\frac{7}{8} =$

b) $7\frac{1}{2} - \frac{2}{3} \cdot \left(1\frac{1}{4} + 2\frac{2}{3}\right) =$

H2 **257** Berechne und beschreibe, welche Rechnungen du zuerst ausführst, begründe deine Vorgehensweise.

a) $\left(7\frac{1}{2} - \frac{2}{3}\right) : \left(1\frac{1}{4} + 2\frac{2}{3}\right) =$

b) $\left(6\frac{2}{5} - 1\frac{3}{4}\right) : \frac{3}{4} =$

K H1 H2 H3 K1 **258** Gegeben sind die Bruchzahlen $\frac{4}{5}$ und $\frac{3}{7}$.

Was ist kleiner: der Quotient oder die Differenz der beiden Zahlen?

H1 H2 K2 **259** Toni kauft eine Tafel Schokolade mit 8 Rippen zu je 4 Stück. Davon gibt er seinem besten Freund $\frac{1}{4}$ der Tafel, seiner Mathematiklehrerin $\frac{1}{8}$, seinem vorderen und hinteren Sitznachbarn je 3 Stück und für seine Schwester möchte er noch $\frac{3}{16}$ der Schokolade mit nach Hause nehmen.
Wie viel Stück Schokolade bleiben für Toni übrig? Kreuze an.

☐ a) 6 Stück ☐ b) 8 Stück ☐ c) 10 Stück

H2 **260** Berechne:

a) $\left(6\frac{3}{7} - 6\frac{2}{7}\right) : 8 + \frac{3}{7} =$

b) $\left(\frac{1}{3} + \frac{5}{6}\right) : \left(\frac{2}{3} - \frac{1}{2}\right) =$

H2 **261** Berechne:

a) $\left(12\frac{3}{5} - 5\frac{7}{8}\right) : \frac{1}{40} =$

b) $\left(10\frac{1}{2} - 5\frac{3}{5}\right) : \frac{7}{8} =$

H1 H2 **262** Niklas hat bei der ersten Mathematikschularbeit $\frac{5}{8}$ aller Punkte erreicht, Valentina hat $\frac{7}{10}$ geschafft.
Anna hat alle 8 Aufgaben richtig und für jede 5 Punkte bekommen.
Wie viele Punkte haben Niklas und Valentina erhalten?

K H1 H2 H3 K2 **263** In einem Hochhaus fährt der Lift mit einer Geschwindigkeit von $2\frac{3}{4}$ m/s.

a) Wie viele m steigt er in 12 s ?

b) Um wie viele m müsste er pro Sekunde steigen, um in der Hälfte der Zeit die gleiche Höhendifferenz zu schaffen?

Fotolia.com/tiero

H2 **264** Berechne:

a) $8\frac{3}{4} - 1\frac{3}{5} \cdot 1\frac{1}{4} - 3\frac{2}{3} =$

b) $\left(8\frac{3}{4} - 1\frac{3}{5}\right) \cdot 1\frac{1}{4} - 3\frac{2}{3} =$

H2 **265** Berechne:

a) $2\frac{1}{5} : 5 - \frac{5}{6} : 5 =$

b) $\left(\frac{1}{2} + \frac{1}{3}\right) : \left(\frac{5}{6} + \frac{1}{5}\right) =$

H1 H2 **266** Bei einem Kinderfest tranken 12 Kinder je $\frac{1}{4}$ Liter, 7 Kinder je $\frac{3}{8}$ Liter und 9 Kinder je $\frac{1}{2}$ Liter Orangensaft. Findet zu zweit heraus, wie groß der Gesamtverbrauch war.

H2 **267** Berechne V und O dieses Würfels:

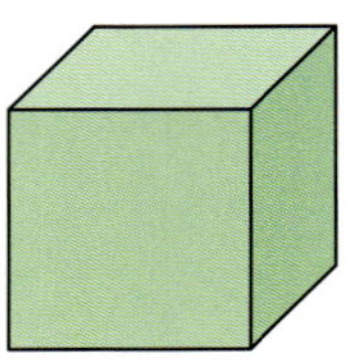

$a = \frac{3}{4}$ m

zB
$a = \frac{2}{3}$ m
V: $\frac{2}{3} \cdot \frac{2}{3} \cdot \frac{2}{3} \rightarrow \frac{8}{27}$ m³
O: $6 \cdot \frac{2}{3} \cdot \frac{2}{3} = \frac{24}{9} \rightarrow 2\frac{2}{3}$ m²

H2 **268** Berechne V und O dieses Würfels:

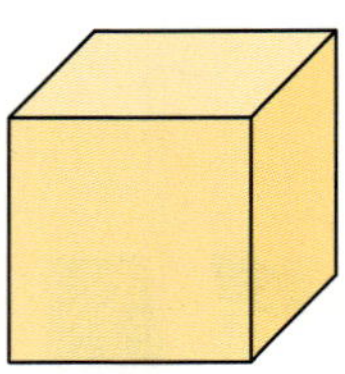

$a = \frac{2}{5}$ m

K **269** H1 H3 K3 Kreuze an, ob die Aussage richtig oder falsch ist:

	richtig	falsch
a) Zwei Bruchzahlen, die miteinander multipliziert werden, dürfen waagrecht oder diagonal gekürzt werden.	☐	☐
b) Der Kehrwert einer gemischten Zahl kann nicht ohne Weiteres gebildet werden.	☐	☐
c) Zwei unechte Brüche können nicht dividiert werden.	☐	☐
d) Eine gemischte Zahl ist immer größer als ein unechter Bruch.	☐	☐

H2 **270** Berechne V und O dieses Quaders:

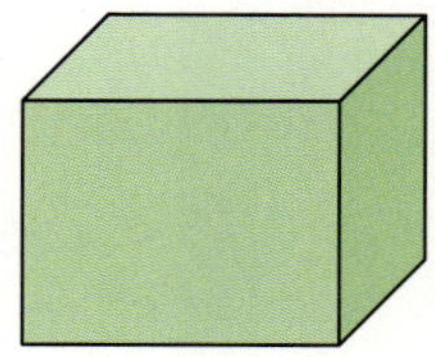

$a = \frac{3}{4}$ m
$b = \frac{1}{2}$ m
$h = \frac{1}{4}$ m

Level 3

H2 H3 **271** Leider haben sich hier Fehler eingeschlichen, korrigiere und besprich deine Lösungen mit deiner Sitznachbarin oder deinem Sitznachbarn.

a) $\frac{3}{4} : \frac{5}{6} = \frac{5}{8}$

b) $1\frac{2}{3} \cdot 2\frac{3}{5} = 2\frac{2}{5}$

H2 **272** Berechne:

a) $2\frac{5}{7} - 2\frac{2}{3} \cdot \frac{3}{4} =$

b) $\frac{3}{4} \cdot 2\frac{1}{2} + \frac{7}{8} \cdot 5 =$

Welche der beiden Aufgaben ist dir leichter gefallen? Warum?

H2 **273** Katrins Schulweg ist $1\frac{1}{2}$ km lang. Wie viele Schritte legt sie dabei zurück, wenn ihre Schrittlänge $\frac{3}{5}$ m beträgt? Kreuze an.

☐ a) 2 000 Schritte ☐ b) 2 400 Schritte ☐ c) 2 500 Schritte

K **274** H1 H4 K3 Welche Begründung ist für folgende Aussage zutreffend? Kreuze sie an.

$\frac{3}{4} \cdot \frac{1}{3} < \frac{3}{4} \cdot \frac{1}{2}$

☐ a) Ein Drittel von drei Viertel ist weniger als die Hälfte von drei Viertel.
☐ b) Das Produkt wird größer, wenn die Faktoren kleiner sind.
☐ c) Ein Viertel ist größer als drei Achtel.

Level 1

H1 H2 **275** Löse die Gleichungen:

zB	
$e + 7 = 13$	$\mid -7$
$e = 6$	

a) $a + 6 = 14$
$a =$ ____

b) $b : 7 = 6$
$b =$ ____

c) $c - 7 = 16$
$c =$ ____

d) $d \cdot 8 = 56$
$d =$ ____

e) $e - 9 = 23$
$e =$ ____

H1 H2 **276** Löse die Gleichungen:

a) $a + 46 = 84$
$a =$ ____

b) $b : 14 = 9$
$b =$ ____

c) $e - 36 = 58$
$e =$ ____

d) $c - 27 = 46$
$c =$ ____

e) $d \cdot 12 = 144$
$d =$ ____

f) $f : 12 = 7$
$f =$ ____

H1 H2 **277** Löse die Gleichungen:

a) $x + 6{,}5 = 8{,}9$

b) $x : 7{,}2 = 5$

c) $x + 8{,}7 = 10{,}4$

d) $x - 8{,}2 = 3{,}7$

e) $x \cdot 2{,}5 = 20$

f) $x : 5{,}1 = 4$

H1 H2 **278** Löse die Gleichungen:

a) $y + \frac{1}{2} = \frac{2}{3}$

b) $y : \frac{3}{4} = \frac{1}{5}$

c) $y - \frac{2}{3} = \frac{1}{5}$

d) $y - \frac{4}{5} = \frac{2}{3}$

e) $y \cdot \frac{1}{5} = \frac{1}{2}$

f) $y : \frac{1}{2} = \frac{2}{3}$

H1 H3 **279** Stelle eine Gleichung auf:

a)
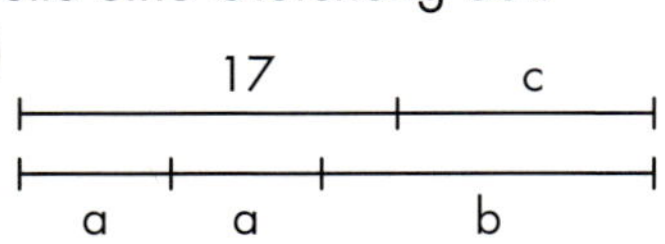

$a =$ $b =$

b)
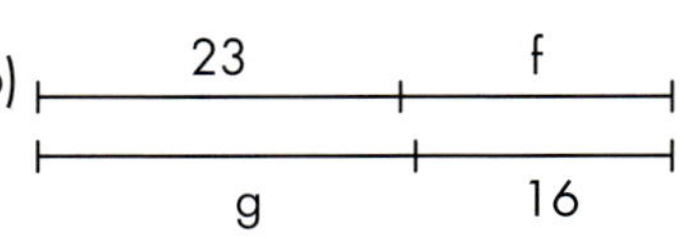

$g =$ $f =$

c)
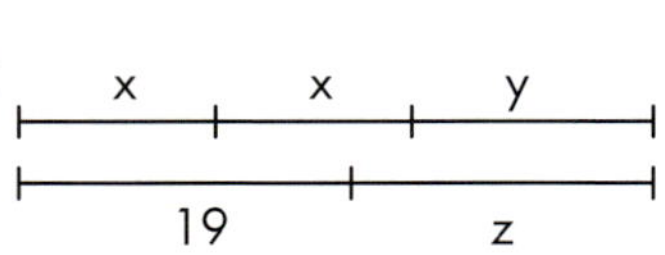

$x =$ $z =$
$y =$

d)
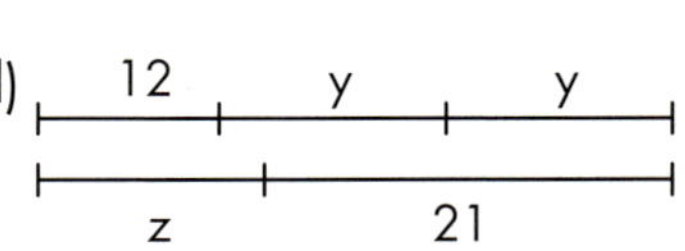

$y =$ $z =$

K H1 H3 K2 **280** Ordne die Gleichungen den Texten richtig zu:

a) Subtrahiere 15 vom 5fachen einer Zahl und du erhältst 30.

b) Addiere zum 5fachen einer Zahl 15 und du erhältst 30.

c) Multipliziere 5 mit der Differenz von 15 und x, du erhältst 30.

d) Dividiere 15 durch eine Zahl, addiere 15 und du erhältst 30.

1	$5 \cdot (15 - x) = 30$
2	$5 \cdot x - 15 = 30$
3	$15 : x + 15 = 30$
4	$5 \cdot x + 15 = 30$

H2 **281** Forme die Gleichung so um, dass die gesuchte Variable ausgedrückt wird und berechne diese.

a) $56 : 7 + x = 35 - 16$

b) $y - 45 : 9 = 28 : 7$

c) $5 \cdot 6 + a = 24 \cdot 3$

d) $b - 8 \cdot 7 = 3 \cdot 9$

H1 H2 **282** Forme für die gesuchte Variable um:

a) $e + f - 13 = 73$ $e = ?$

b) $g + 16 = h + 18$ $g = ?$

c) $3 \cdot x - 34 = 56 + y$ $x = ?$

zB

$$k - 7 + m = j + 9 \quad | - m$$
$$k - 7 = j + 9 - m \quad | + 7$$
$$k = j + 9 - m + 7$$
$$k = j - m + 16$$

Level 1

H1 H3 **283** Wie lautet die Lösungsmenge für folgende Ungleichung? $x < 5$, $G = \mathbb{N}$

- ☐ a) $L = \{2, 3, 4, 5\}$
- ☐ b) $L = \{1, 2, 3, 4, 5\}$
- ☐ c) $L = \{1, 2, 3, 4\}$
- ☐ d) $L = \{1, 3, 5\}$

H1 H3 **284** Wie heißt die Ungleichung, für die folgende Lösung am Zahlenstrahl gilt? $G = \mathbb{N}$

a) 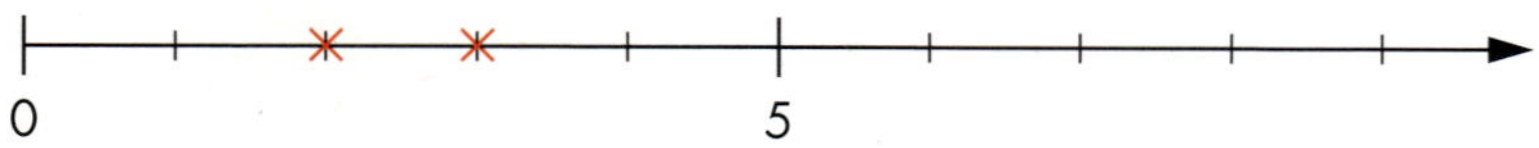

b) 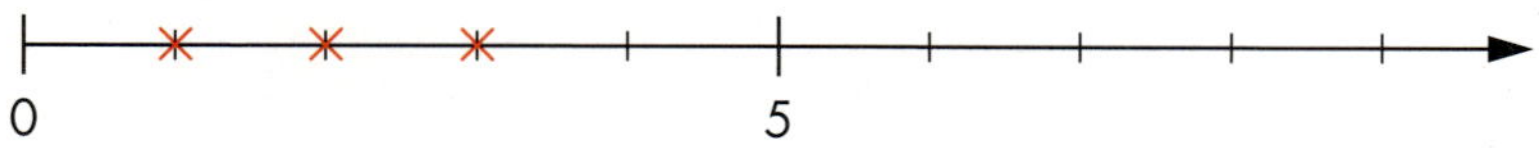

c) 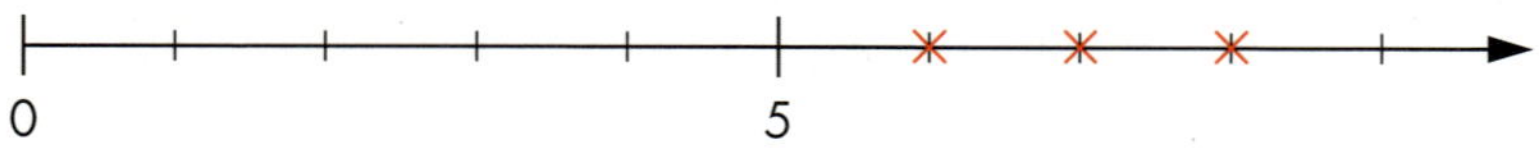

d) 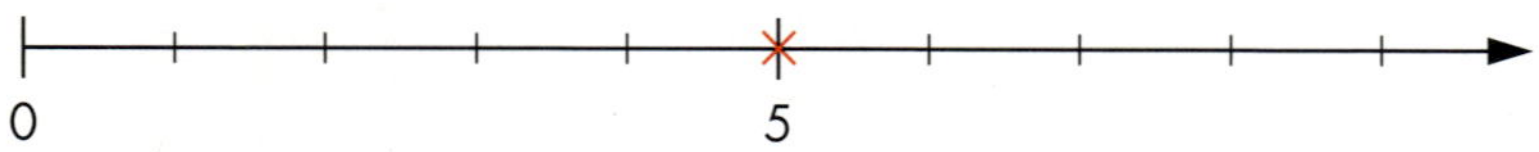

K I2 H1 H3 K1 **285** Schreib als Ungleichung an und finde die Lösungsmenge.

a) Alle natürlichen Zahlen, die größer als 6 und kleiner als 9 sind.

b) Alle natürlichen Zahlen, die kleiner gleich 7 und größer gleich 5 sind.

c) Alle natürlichen Zahlen, die größer als 11 und kleiner als 12 sind.

d) Alle natürlichen Zahlen, die größer gleich 17 und kleiner als 20 sind.

Level 2

H1 H2 **286** Ermittle die Lösungsmenge in $\mathbb{N}$:

a) $x + 7 < 11$ b) $a + 8 \leq 14$

c) $a + 9 \leq 10$ d) $12 > x + 6$

H1 H2 **287** Ermittle die Lösungsmenge in $\mathbb{N}$:

zB $2 < x \leq 7$
$L = \{5, 6, 7\}$

a) $3 < x < 9$ b) $2 \leq c \leq 8$

c) $12 > y > 8$ d) $17 \geq b > 14$

I2 H1 H3 K2 **288** a) Für welche der folgenden Gleichungen lautet die Lösung $x = 4$?

1 $24 - 3 \cdot x = 12$ 2 $47 - 3 \cdot x = 32$ 3 $29 - 3 \cdot x = 15$

b) Erfinde selbst eine Gleichung, für die die Lösung $x = 4$ ist.

H1 H4 **289** Begründe, warum die Gleichung $4 \cdot x + 7 = 4 \cdot x + 3$ keine Lösung hat.
Schreibe deine Überlegung in die Zeilen und besprich sie mit deiner Sitznachbarin oder deinem Sitznachbarn.

____

____

____

H1 H3 **290** Wie lautet die Lösungsmenge für die Ungleichungskette? Kreuze an. $5 \leq x < 9$, $G = \mathbb{N}$

- ☐ a) $L = \{5, 6, 7, 8, 9\}$
- ☐ b) $L = \{5, 6, 7, 8\}$
- ☐ c) $L = \{6, 7, 8, 9\}$
- ☐ d) $L = \{6, 8\}$

H1 H2 **291** Berechne x!

a) $x \cdot \frac{1}{3} = \frac{3}{4}$ b) $x \cdot \frac{4}{5} = \frac{1}{3}$ c) $x \cdot \frac{1}{6} = \frac{1}{2}$ d) $x \cdot \frac{5}{7} = \frac{3}{4}$

H1 H2 **292** Berechne x!

a) $x : \frac{1}{3} = \frac{3}{4}$ b) $x : \frac{4}{5} = \frac{1}{3}$ c) $x : \frac{1}{6} = \frac{1}{2}$ d) $x : \frac{5}{7} = \frac{3}{4}$

K H1 H2 H3 K1 **293** Das höchst zulässige Gesamtgewicht G des PKW von Familie Huber beträgt 2 140 kg.
Das Eigengewicht E beträgt 1 435 kg.

a) Verwende die Variablen G, E und N und beschreibe mithilfe einer Gleichung, wie du die Nutzlast N berechnest. Berechne diese.

b) Beschreibe das Gesamtgewicht G mittels Variablen.

c) Beschreibe das Eigengewicht E mittels Variablen.

MEV Verlag/Rudolf Kostolnik

H1 H3 **294** Du bezahlst für dein Handy monatlich x Euro Grundgebühr, pro Gesprächsminute werden y Cent verrechnet. Wie hoch ist deine Monatsrechnung, wenn du z Minuten telefoniert hast?
Kreuze die richtige Formel an!

☐ a) $y \cdot z$ ☐ b) $x + y$ ☐ c) $(y + x) \cdot z$ ☐ d) $x + y \cdot z$ ☐ e) $x \cdot y + z$

H1 H3 **295** Für welche der folgenden Gleichungen gilt die Lösung $x = 7$?

☐ a) $2 \cdot x + 7 = 21$
☐ b) $27 - 3 \cdot x = 6$
☐ c) $4 \cdot x - 7 = 13$
☐ d) $7 + 5 \cdot x = 43$

H1 H2 H3 **296** Die Brüder Thomas und Niklas sind zusammen 17 Jahre alt. Thomas ist 3 Jahre jünger als Niklas. Beschreibe diesen Zusammenhang mithilfe einer Gleichung. Berechne das Alter von Thomas und Niklas.

I2 H1 H2 H4 K2 **297** Wenn du zwei aufeinander folgende natürliche Zahlen addierst, erhältst du 75.
a) Berechne die beiden Zahlen, indem du den Sachverhalt als Gleichung anschreibst.

b) **Kniffelfrage:** Findest du eine Begründung, weshalb die Summe von zwei aufeinander folgenden natürlichen Zahlen immer eine ungerade Zahl sein muss? Besprich deine Überlegungen mit deiner Sitznachbarin oder deinem Sitznachbarn.

H1 H2 H4 K2 **298** Wenn du drei aufeinander folgende natürliche Zahlen addierst, erhältst du 75.
a) Wie heißen diese drei Zahlen? Stelle eine Gleichung auf.

b) **Kniffelfrage:** Ist die Summe von drei aufeinander folgenden natürlichen Zahlen eine gerade oder ungerade Zahl? Kannst du deine Antwort begründen?

H1 H3 **299** Welche Gleichung stellt den Sachverhalt richtig dar?
Im Aufsichtsrat sitzen um 5 Frauen weniger als Männer.

☐ a) $M + F = 3$
☐ b) $M + 5 = F$
☐ c) $F - M = 5$
☐ d) $F + 5 = M$

K I2 H1 H3 K2 **300** In einer Ausstellung zahlen Erwachsene E €, Kinder K € und Studenten S € Eintritt.

Wie berechnest du den Eintrittspreis für 5 Erwachsene, 48 Kinder und 3 Studenten?

☐ a) $5 \cdot E + 3 \cdot K + 48 \cdot S$
☐ b) $3 \cdot S + 5 \cdot K + 42 \cdot E$
☐ c) $48 \cdot K + 3 \cdot S + 5 \cdot E$

Level 2

H1 H2 **301** Stelle eine Gleichung auf und berechne die gesuchte Variable.

a) Addiert man zum Doppelten einer Zahl 7 so erhält man 23. Wie heißt die Zahl?

b) Subtrahiert man das Dreifache von 9 von einer Zahl, so erhält man 14. Wie heißt die Zahl?

H1 H3 **302** Welche Gleichung stellt den Sachverhalt richtig dar? Kreuze an.
Welche Zahl ist um 43,8 kleiner als 105,75?

- ☐ a) $43{,}8 + x = 105{,}75$
- ☐ b) $105{,}75 + x = 43{,}8$
- ☐ c) $x = 105{,}75 + 43{,}8$
- ☐ d) $105{,}75 - x = 43{,}8$

H1 H2 H3 **303** Für eine Übernachtung mit Frühstück im Hotel zahlen Kinder K und Erwachsene E Euro.
Stelle eine Formel für die Hotelkosten der Familie Bogner (3 Kinder + Eltern) für einen fünftägigen Aufenthalt auf. Setze dann die Preise ein (E = 48 € und K = 23 €) und berechne.

H1 H2 **304** Ein Rechteck ist um 8 m länger als breit. Sein Umfang ist 32 m.
Berechne Länge a und Breite b des Rechtecks!

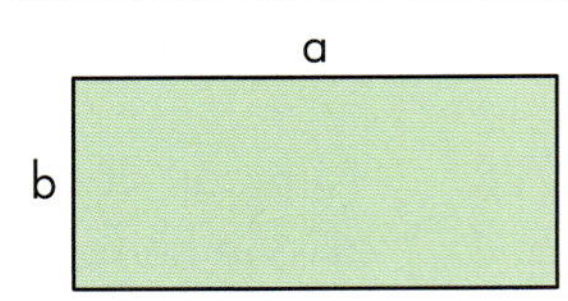

H1 H2 H3 **305** Wir kennen vier Standardformen für Gleichungen:

1	2	3	4
$x + a = b$	$x - a = b$	$x \cdot a = b$	$x : a = b$

Finde für jede dieser vier Formen Zahlen für a und b, sodass x stets 3 ist.
Wie gehst du vor, um diese Aufgabe zu lösen?

K I2 H1 H2 K1 **306** Für welche dieser Gleichungen ist das Ergebnis eine gerade Zahl?

- ☐ a) $x - 18 = 11$
- ☐ b) $x + 17 = 22$
- ☐ c) $x \cdot 9 = 72$
- ☐ d) $x : 5 = 10$
- ☐ e) $x + 5{,}3 = 9{,}3$

H1 H2 **307** Löse die Gleichung in zwei Schritten!

a) $x \cdot 4 + 15 = 39$ b) $y : 7 - 3 = 5$

zB

$$a \cdot 7 - 18 = 24 \quad | +18$$
$$a \cdot 7 = 42 \quad | :7$$
$$a = 6$$

H1 H2 **308** Achte auf die Klammern und löse die Gleichung!

a) $(a - 7) : 5 = 4$ b) $(b + 9) \cdot 3 = 42$

zB

$$(x + 9) \cdot 5 = 60 \quad | :5$$
$$x + 9 = 12 \quad | -9$$
$$x = 3$$

H1 H2 **309** Insgesamt besuchen 96 Kinder einen Kindergarten. Ein Drittel sind Vorschulkinder, 20 Kinder sind das erste Jahr im Kindergarten. Wie viele Kinder machen den Rest aus?

H1 H2 H3 **310** Ein Dreieck hat einen Umfang von 24 cm.
Berechne die Seitenlängen x, y, z, wenn z um 2 größer und x um 2 kleiner als y ist!

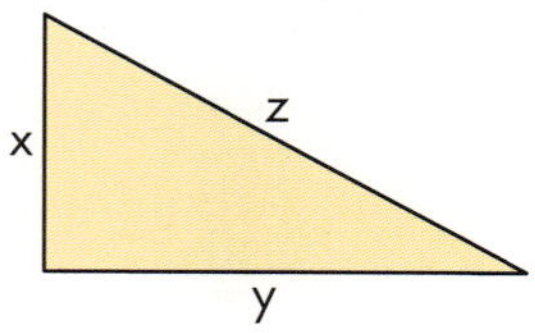

H1 H3 **311** Stelle den Zusammenhang fest. Drücke e und f durch die jeweils andere Variable aus.

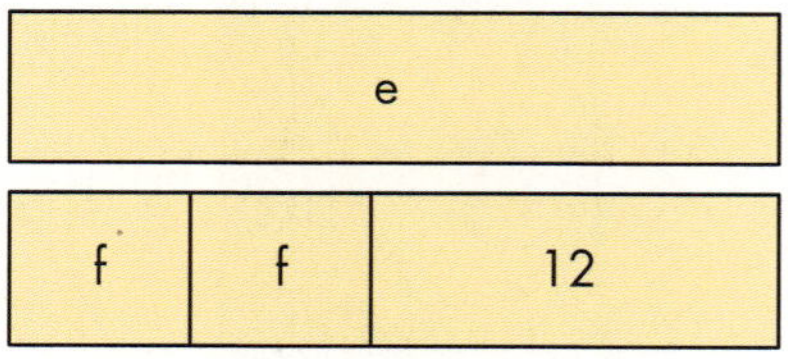

K H1 H2 H3 H4 K2 **312** Die Haushaltsstromkosten setzen sich aus einem monatlichen Fixbetrag F und dem jeweiligen Verbrauch zusammen. Eine Kilowattstunde (kWh) kostet x Euro.
Die Tabelle zeigt dir den Monatsverbrauch von Familie Gruber in kWh.

Monat	Jän.	Feb.	März	April	Mai	Juni	Juli	Aug.	Sept.	Okt.	Nov.	Dez.
kWh	240	220	215	185	160	140	120	130	170	210	270	290

a) Erstelle eine Gleichung für die Jahresstromkosten.

b) **Kniffelfrage:** Findest du eine Begründung für den sehr unterschiedlichen Verbrauch in den Sommer- und Wintermonaten?

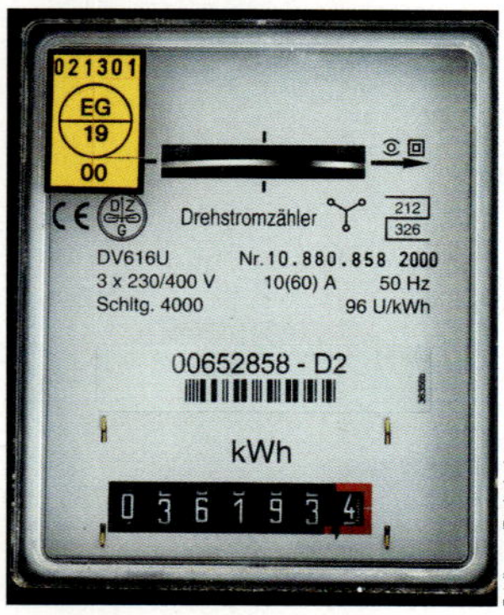

Fotolia.com/Denis Junker

H1 **313** Ergänze die Bezeichnung der Dreiecke:

a) △RST   b) △KLM   c) △ABC

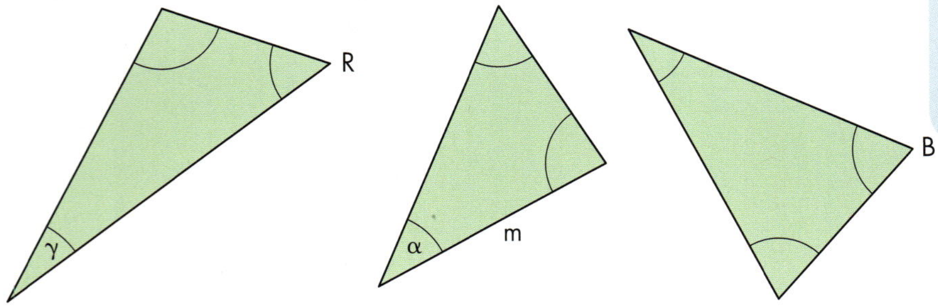

zB △CDE

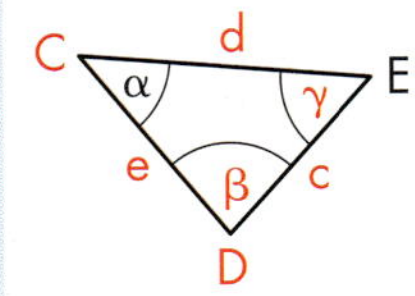

H1 H3 **314** Betrachte die Winkel. Um welche Dreiecksart handelt es sich? Kreuze in der Tabelle unten an:

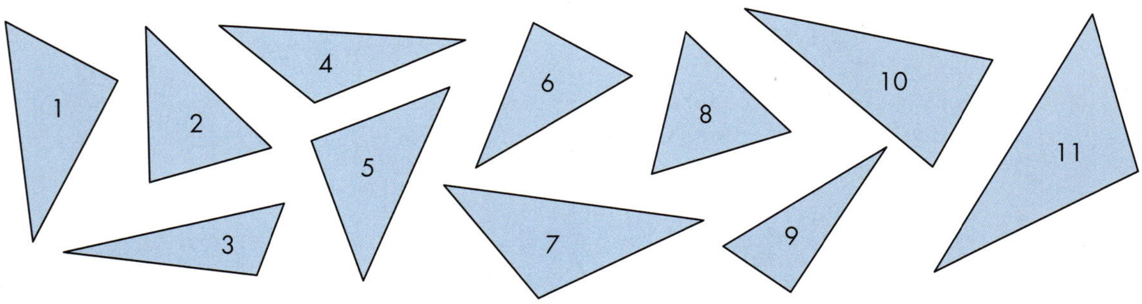

	1	2	3	4	5	6	7	8	9	10	11
spitzwinkliges Dreieck											
rechtwinkliges Dreieck											
stumpfwinkliges Dreieck											

H1 H3 **315** Welche Dreiecksart erkennst du, wenn du die Seiten betrachtest? Kreuze in der Tabelle unten an:

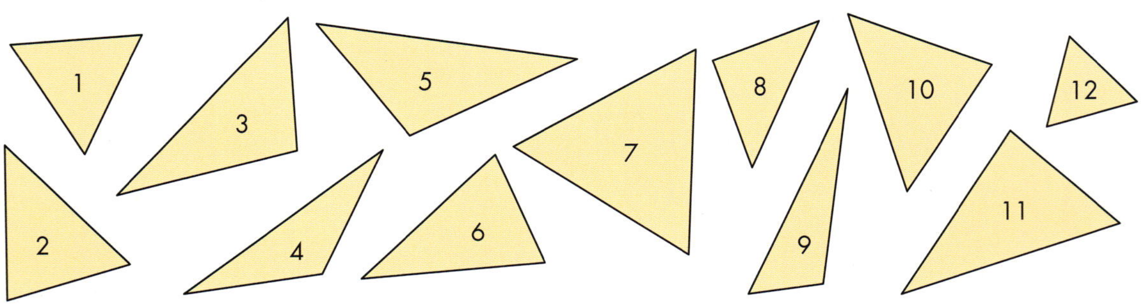

	1	2	3	4	5	6	7	8	9	10	11	12
ungleichseitiges Dreieck												
gleichschenkliges Dreieck												
gleichseitiges Dreieck												

K **316** I3 H2 K1 Ergänze die Tabelle, indem du den fehlenden Winkel des Dreiecks bestimmst.

	a)	b)	c)	d)	e)	f)
α	27°		114°		23°	
β	48°	61°		18°	23°	136°
γ		53°	39°	90°		17°

H2 **317** Berechne die Innenwinkel der Dreiecke:

a)

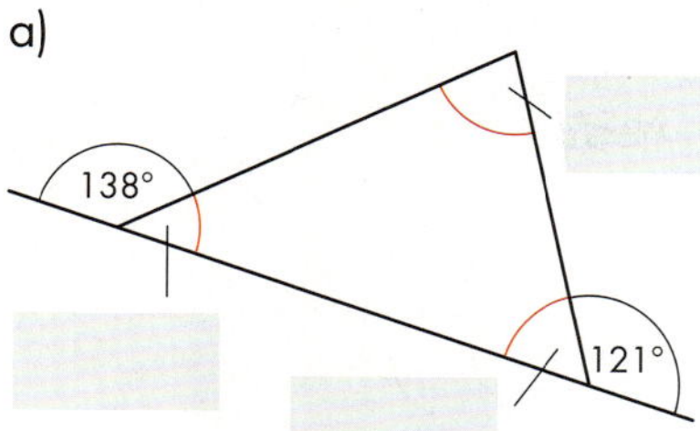

b)

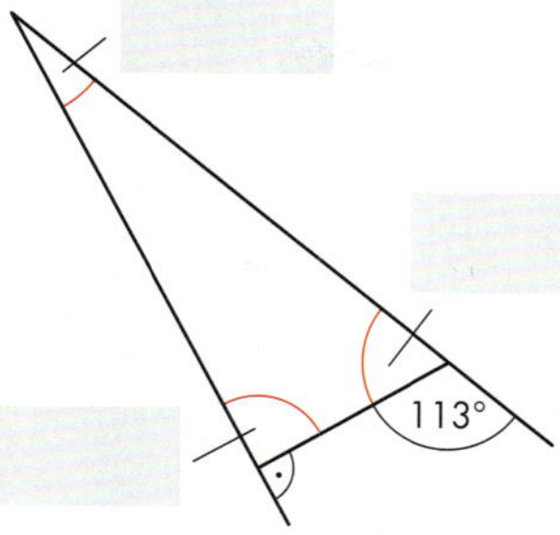

c)

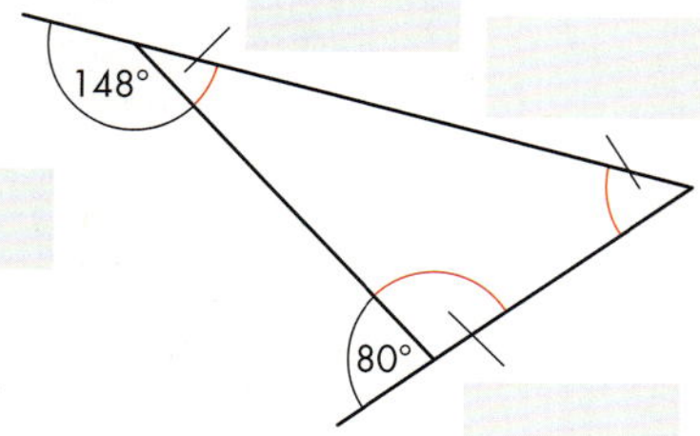

H1 H2 **318** Die Längen zweier Dreiecksseiten betragen b = 59 mm und c = 4 cm.

a) Wie lang kann die Seite a höchstens sein? b) Wie lang muss sie mindestens sein?

H4 c) Diskutiere mit deiner Sitznachbarin oder deinem Sitznachbarn, welche Überlegungen du anstellst.

H1 H2 **319** Die Winkel α und β in einem Dreieck betragen beide jeweils 73°.

a) Wie groß ist der dritte Winkel? b) Um welche Art von Dreieck handelt es sich?

H2 **320** Konstruiere den Höhenschnittpunkt H:

a)

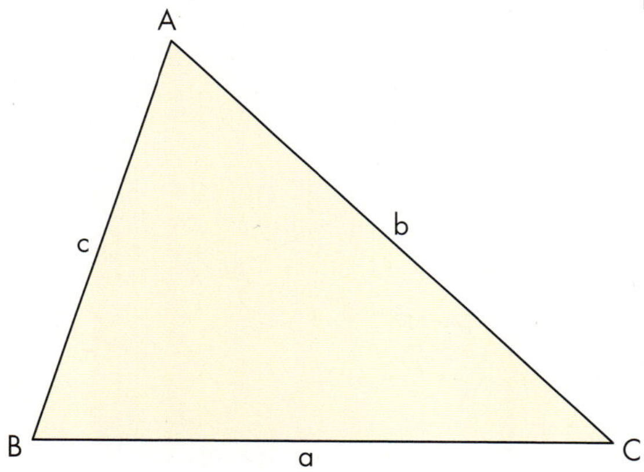

b)

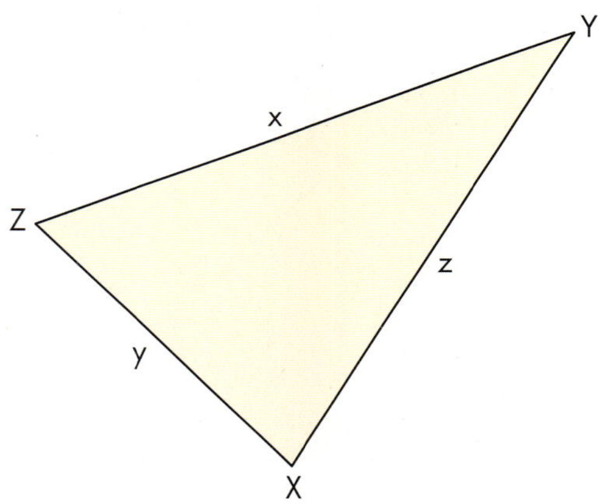

H1 H3 **321** Wie viele Dreiecke entdeckst du in der nebenstehenden Figur?
Kreuze das Kästchen mit der richtigen Anzahl an:

☐ 6 ☐ 8 ☐ 9 ☐ 10 ☐ 12 ☐ 16

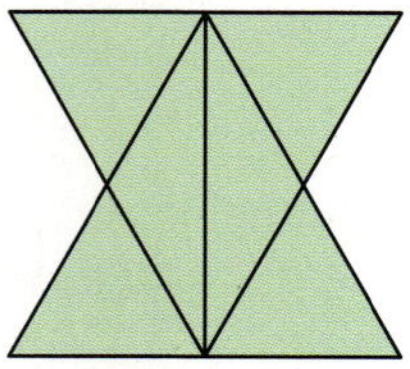

H4 Besprecht zu zweit, wie ihr auf die Anzahl kommt.

K I3 H1 H3 K1 **322** Gib an, wie viele Dreiecke du in der nebenstehenden Figur findest?

Rechtwinklige: Gleichschenklige:

Gleichseitige: Gesamt:

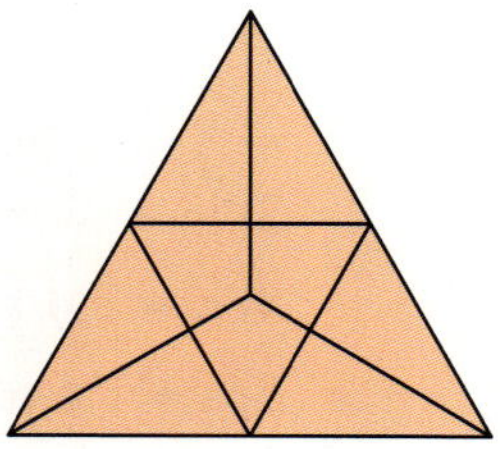

Level 1

Level 2

H2 **323** Berechne die fehlenden Innen- und Außenwinkel:

	a)	b)	c)	d)
α	37°			
α_1			162°	
β		44°		
β_1	126°			139°
γ			113°	
γ_1		98°		75°

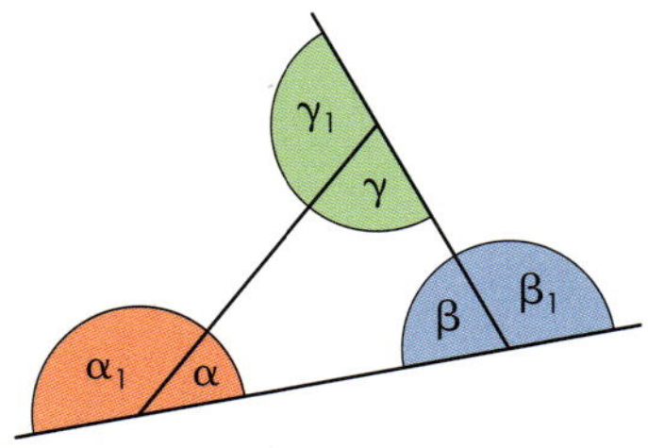

H1 H3 H4 **324** Kreuze an, um welche Dreiecksart es sich handelt. Eine Aufgabenstellung ergibt kein Dreieck. Welche? Begründet zu zweit, warum diese Angaben kein Dreieck ergeben können.

Begründung: ______________________________

____

	$\alpha = 27°$, $\beta_1 = 104°$	$\alpha_1 = 141°$, $\gamma_1 = 132°$	$\gamma = 54°$, $\alpha_1 = 144°$	$\beta = 108°$, $\gamma_1 = 98°$	$\gamma = 39°$, $\beta_1 = 129°$	$\alpha_1 = 118°$, $\beta_1 = 137°$
spitzwinkliges Dreieck						
rechtwinkliges Dreieck						
stumpfwinkliges Dreieck						
kein Dreieck						

H2 **325** Berechne die Größe der fehlenden Innenwinkel im gleichschenkeligen Dreieck!

a)

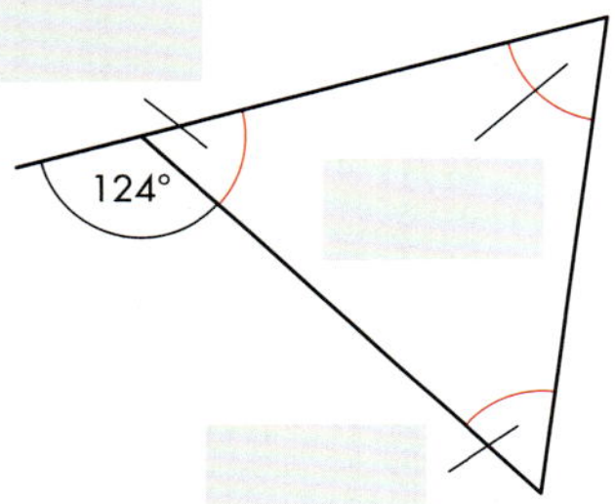

b)

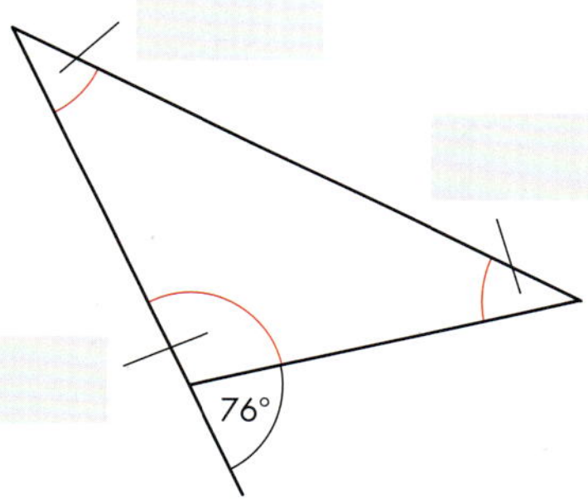

c)

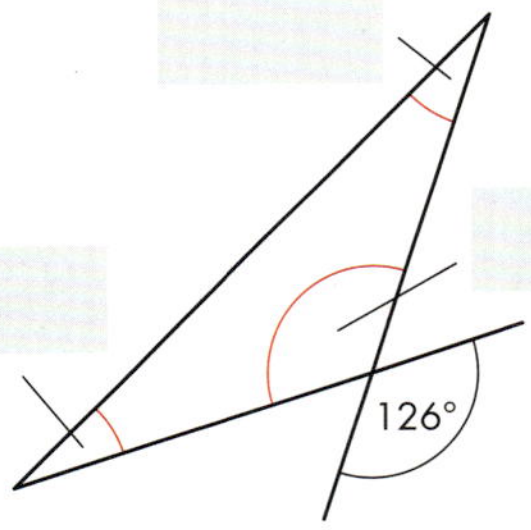

H1 H4 **326** Welche Dreiecksarten findet man **nicht** in der nebenstehenden Figur? Überlege gemeinsam mit deiner Sitznachbarin oder deinem Sitznachbarn!

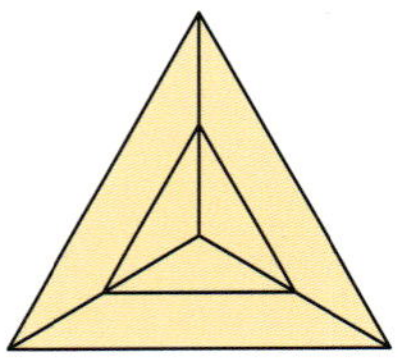

K I3 H3 K3 **327** Betrachte die Längenangaben zu den Dreiecken.
a) Bei welchen handelt es sich um Dreiecke, bei welchen nicht? Kreuze an!
b) Korrigiere eine der Längenangaben, damit sich ein Dreieck ergibt.

	Dreieck	kein Dreieck	Korrektur
1) a = 34 mm, b = 27 mm, c = 61 mm	☐	☐	______
2) x = 8 cm, y = 12,7 cm, z = 5,1 cm	☐	☐	______
3) m = 72 mm, n = 7,2 cm, o = 145 mm	☐	☐	______
4) d = 3,4 km, e = 765 m, f = 2,7 km	☐	☐	______
5) s = 1,6 m, t = 83 cm, u = 7,4 dm	☐	☐	______

H1 H2 **328** In einem Dreieck beträgt ein Winkel 75°. Einer der beiden übrigen Winkel ist doppelt so groß wie der andere. Wie groß sind die beiden übrigen Winkel?

Winkel 1: Winkel 2:

H1 H2 **329** In einem gleichschenkligen Dreieck ist ein Außenwinkel 78°.

a) Wie groß ist ein Basiswinkel? b) Wie wird dieses Dreieck noch bezeichnet?

H2 **330** Berechne die Winkel α und β!

a)

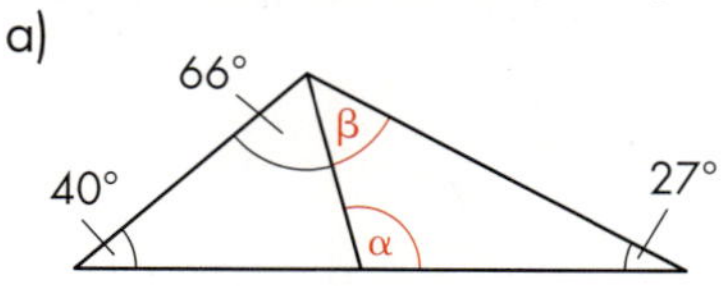

α = β =

b)

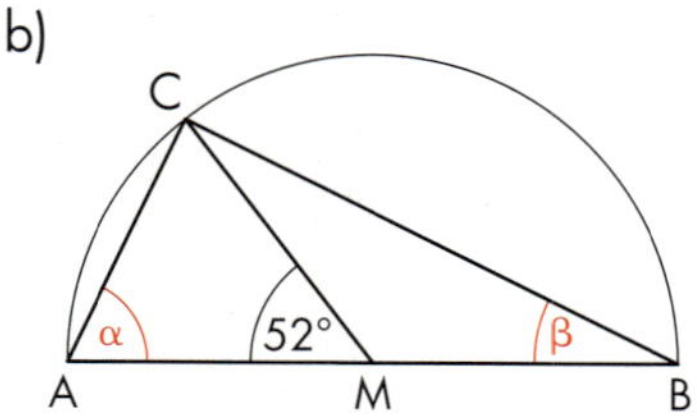

α = β =

c)

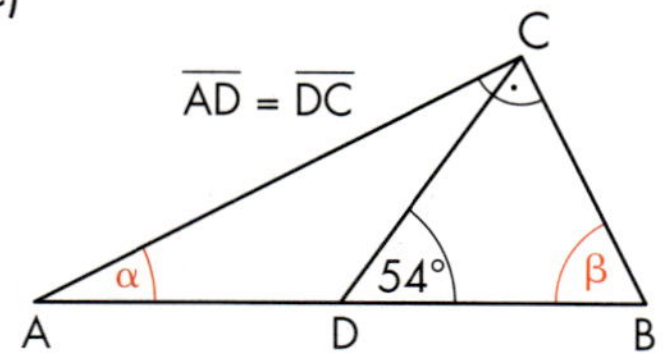

α = β =

H1 H2 **331** Konstruiere den Höhenschnittpunkt des stumpfwinkligen Dreiecks:

a)

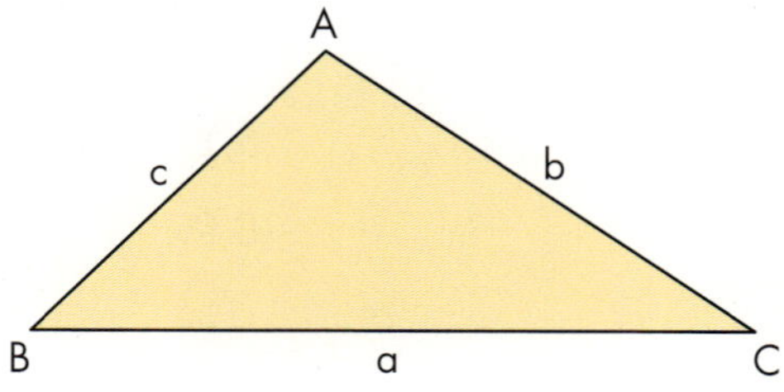

b)

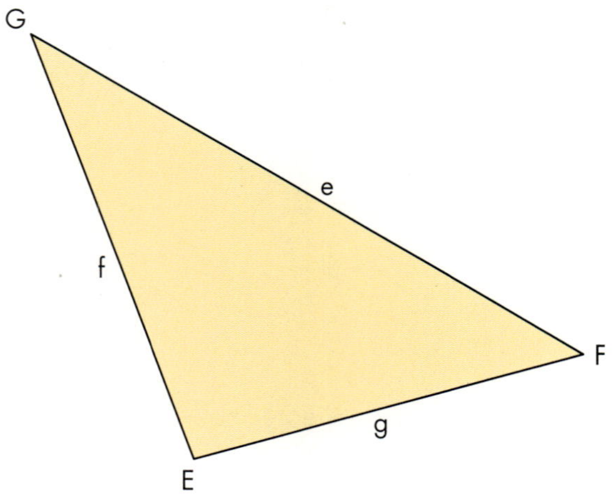

K I3 H1 H3 K2 **332** Wie viele Dreiecke kannst du in der nebenstehenden Figur entdecken? Kreuze das Kästchen mit der richtigen Anzahl an:

☐ 12 ☐ 16 ☐ 18 ☐ 20 ☐ 24 ☐ 28

Level 1

H2 **333** Wandle die Längenmaße richtig um:

zB 2,4 m = 240 cm

a)		b)		c)	
21 dm =	mm	7 m =	mm	22 km =	m
0,7 m =	cm	18 cm =	mm	0,9 km =	m
1,7 cm =	mm	0,6 dm =	cm	8 km =	m

H2 **334** Wandle die Massenmaße richtig um:

zB 0,8 kg = 80 dag

a)		b)		c)	
17 kg =	dag	2 kg =	g	22 t =	kg
0,4 kg =	dag	15 dag =	g	0,7 t =	kg
5,8 dag =	g	0,3 dag =	g	5 t =	kg
9,6 kg =	g	1,8 kg =	dag	4,2 t =	kg

H2 **335** Wandle die Flächenmaße richtig um:

zB 1,7 m^2 = 170 dm^2

a)		b)		c)	
3 ha =	a	5 cm^2 =	mm^2	9 dm^2 =	cm^2
16 km^2 =	ha	27 m^2 =	dm^2	24 cm^2 =	mm^2
0,92 a =	m^2	0,7 ha =	a	0,3 m^2 =	dm^2
1,4 m^2 =	dm^2	5,9 a =	m^2	1,2 ha =	a

H2 **336** Wandle die Raummaße richtig um:

zB 7,1 m^3 = 7 100 dm^3

a)		b)		c)	
4,5 m^3 =	dm^3	2,6 cm^3 =	mm^3	1,8 dm^3 =	cm^3
5,1 dm^3 =	cm^3	3,4 m^3 =	dm^3	3,3 m^3 =	dm^3
0,7 cm^3 =	mm^3	0,6 dm^3 =	cm^3	0,6 cm^3 =	mm^3

H2 **337** Wandle die Hohlmaße richtig um:

zB 8 cl = 80 ml

a)		b)		c)	
16 hl =	l	3,6 hl =	l	8 hl =	l
2,4 l =	dl	2,5 l =	dl	1,2 l =	dl
24 dl =	cl	0,4 dl =	cl	5,2 dl =	cl
6 cl =	ml	3,5 cl =	ml	0,9 cl =	ml

H2 **338** Wandle die Zeitmaße richtig um:

zB 2,5 h = 150 min

a)		b)		c)	
1 h =	min	3 h =	min	4 h =	min
2,5 min =	s	1,5 min =	s	0,5 min =	s
1,5 d =	h	1 d =	h	2 d =	h
0,5 h =	s	3 h =	s	1,5 h =	min

H1 H2 **339** Ordne die gegebenen Massen, beginne mit der kleinsten und setze das Zeichen < dazwischen:
62 kg 602 dag 6 200 g 6,2 t 6 kg 26 dag

K H1 H2 H3 K1 **340** Welche der angegebenen Größen entsprechen einem Dreiviertel Meter. Kreuze diese an:
Begründe deine Wahl und vergleiche die angegebenen Größen miteinander.

☐ a) 750 mm ☐ b) 0,75 m ☐ c) 75 cm ☐ d) 7,5 dm

H1 H2 **341** Ordne die gegebenen Längen der Größe nach, beginne mit der kürzesten. Setze <.

38 cm   3,8 m   3,08 dm   3 m 8 mm

H1 H2 **342** Ordne die Flächenmaße, beginne mit dem kleinsten und setze das Zeichen < dazwischen.

51 m²   5 m² 10 dm²   5,01 m²   5 010 dm²

H1 H2 **343** Ordne die Massen, beginne mit der kleinsten und setze das Zeichen < dazwischen.

49 kg   4 950 dag   49 kg 5 dag   49 005 g

I2 H1 H3 K1 **344** Verbinde gleichwertige Maßangaben:

0,2 Liter	750 ml	$\frac{1}{10}$ Liter
0,25 Liter	200 ml	$\frac{1}{4}$ Liter
0,75 Liter	400 ml	$\frac{2}{5}$ Liter
0,5 Liter	250 ml	$\frac{1}{5}$ Liter
0,4 Liter	100 ml	$\frac{3}{4}$ Liter
0,1 Liter	500 ml	$\frac{1}{2}$ Liter

I2 H1 H3 K2 **345** Sebastian übernimmt das Staubsaugen der gesamten Wohnung. Er überlegt, über wie viel m² er die Bürsten hin- und hergeschoben hat. Dazu liest er aus dem Wohnungsplan ab:

Wohnzimmer	24,6 m²	Schlafzimmer	18,7 m²
Kinderzimmer 1	16,2 m²	Kinderzimmer 2	14,8 m²
Küche	10,3 m²	Diele	13,5 m²

a) Auf wie vielen Quadratmetern Wohnfläche hat er Staub gesaugt?
b) Welche Überlegungen solltest du mitdenken, damit die Rechnung realistischer wird?

K H1 H2 H3 K2 **346** Die vier kleinsten Staaten der Eurozone sind (*Statistik Austria, Mai 2012*):

Land	Fläche	Einwohner	Dichte	Bevölkerungsanteil EU
Malta	316 km²	421 000	1 332	0,1 %
Luxemburg	2 586 km²	528 000	204	0,1 %
Zypern	9 251 km²	817 000	88	0,2 %
Slowenien	20 273 km²	2 056 000	101	0,4 %

a) Welches der Länder hat die größte, welches die geringste Einwohnerdichte?
b) Berechne die Gesamtgröße dieser vier Länder.
c) Berechne die Differenz der Einwohnerzahlen der Inseln Malta und Zypern.
d) Wie viel % der Gesamtbevölkerung der Europäischen Union leben in diesen vier Ländern?

K H1 H2 H3 K1 **347** Welche der angegebenen Größen entsprechen einer Viertelstunde. Kreuze diese an:

☐ a) 25 min   ☐ b) 0,25 h   ☐ c) 15 min   ☐ d) 0,15 min   ☐ e) 900 s

H1 H2 **348** Schreib die Längen mehrnamig:

zB 4,32 m = 4 m 3 dm 2 cm

a) 4,51 m = ____
8,24 m = ____
3,75 km = ____
5,01 m = ____

b) 4,72 dm = ____
0,42 m = ____
5,7 km = ____
9,006 m = ____

Level 2

H1 H2 **349** Schreib die Massen mehrnamig:

zB 9,581 kg = 9 kg 58 dag 1 g

a) 7,47 kg = ____
7,1 t = ____
0,402 kg = ____

b) 8,357 t = ____
0,37 t = ____
0,142 kg = ____

H1 H2 **350** Schreib die Flächen mehrnamig:

zB 2,325 ha = 2 ha 32 a 50 m^2

a) 7,8 a = ____
1,34 dm^2 = ____
2,707 m^2 = ____
2,06 ha = ____

b) 2,09 m^2 = ____
0,172 dm^2 = ____
1,9 km^2 = ____
8,032 dm^2 = ____

H1 H2 **351** Schreib die Volumina mehrnamig:

zB 6,9 m^3 = 6 m^3 900 dm^3

a) 6,3 m^3 = ____
5,2 cm^3 = ____
4,86 m^3 = ____
23,08 dm^3 = ____

b) 13,03 dm^3 = ____
7,03 cm^3 = ____
96,013 dm^3 = ____
2,007 m^3 = ____

H1 H2 H3 **352** In deinem Mathematikbuch findest du auch folgende Längenmaße:

1 Meile	=	1 482 m
1 Yard	=	0,914 m
1 Lichtjahr	=	9,46 Billionen km

1 Nautische Seemeile	=	1 852 m
1 Stadion	=	158,2 m
1 Fuß	=	0,3048 m

Rechne in die bei uns üblichen metrischen Längenmaße um:

a) 2 Meilen = ____
4 Yard = ____
3 Lichtjahre = ____
1,5 Meilen = ____
2 Yard = ____
0,2 Lichtjahre = ____

b) 2 Seemeilen = ____
5 Fuß = ____
7 Stadien = ____
1,5 Seemeilen = ____
10 Fuß = ____
2,5 Stadien = ____

K H1 H2 **353** Die geplante Flugzeit von Johannesburg nach Frankfurt beträgt 9 h 20 Minuten.
Wann landete die Maschine, wenn sich die planmäßige Abflugszeit (7.15 Uhr) um 20 Minuten verzögerte und die Flugzeit zusätzlich 20 Minuten länger dauerte?

Die Maschine landete in Frankfurt um ____.

H1 H2 **354** Die Geschwindigkeit eines Schiffes wird in Knoten gemessen.
1 Knoten = 1 Seemeile/Stunde (1 Seemeile = 1 852 m)

Ein Schiff ist mit 18 Knoten unterwegs. Welche Entfernung legt es in einem Zeitraum von 6 Stunden zurück?

MEV Verlag/Chris Müller Photodesign

K I2 H1 H3 K2 **355** a) Welche der folgenden Größen entspricht der Maßangabe 0,56 m?

☐ 5 dm 6 cm ☐ 56 mm ☐ 560 mm ☐ 5,6 cm

b) Welche der folgenden Größen entspricht der Maßangabe 2,47 kg?

☐ 247 g ☐ 247 dag ☐ 24 dag 7 g ☐ 2 470 g

Level 2

H1 H2 **356** Raum- und Hohlmaße gemischt! Wandle richtig um!

a) 4,5 hl = ______________ m^3
6,3 dm^3 = ______________ dl
0,82 m^3 = ______________ Liter

b) 5,2 m^3 = ______________ Liter
0,7 cm^3 = ______________ ml
225 cm^3 = ______________ Liter

K H1 H3 K2 **357** **Die höchsten Gebäude der Welt!**

Burj Dubai	828 m
Tokyo Skytree	634 m
Canton Tower	600 m
Empire State Building	381 m
Shard Tower (London)	310 m

Addiere die Höhenangaben der Riesen und berechne, wie oft der Wiener Stephansdom (137 m) in dieser Gesamthöhe Platz hätte.

Fotolia.com/moonrise

K H1 H3 K2 **358** Ergänze die Tabelle:

	als Dezimalzahl	in kleinster Einheit	als Bruchzahl	mehrnamig
zB	2,045 kg	2 045 g	$2\frac{45}{1000}$ kg	2 kg 4 dag 5 g
a)	2,39 m^2			
b)		3 409 dag		
c)			$\frac{208}{1000}$ m	

H1 H2 **359** Wer gewinnt beim Weitspringen? Ordne die Namen von der größten zur niedrigsten Weite.
Thomas: 3 890 mm Jakob: 36,7 dm Sven: 398 cm Ali: 3,75 m

K H1 H2 K1 **360** In welches Gefäß passt am meisten Flüssigkeit?

a)

0,23 l

b)

340 ml

c)

27 cm^3

H2 **361** Schreib in der angegebenen Längeneinheit:

a) $\frac{3}{5}$ km = ______ m
$\frac{3}{4}$ m = ______ mm
$\frac{1}{4}$ m = ______ dm

b) $\frac{1}{4}$ m = ______ cm
$\frac{3}{4}$ km = ______ m
$\frac{1}{4}$ km = ______ m

c) $\frac{1}{4}$ m = ______ mm
$\frac{1}{4}$ dm = ______ cm
$\frac{1}{8}$ km = ______ mm

H2 **362** Schreib in der angegebenen Masseneinheit:

a) $\frac{3}{5}$ kg = ______ dag
$1\frac{1}{2}$ kg = ______ dag
$1\frac{1}{4}$ t = ______ kg
$1\frac{1}{8}$ t = ______ kg

b) $\frac{3}{5}$ kg = ______ g
$1\frac{1}{2}$ dag = ______ g
$\frac{3}{4}$ kg = ______ dag
$\frac{3}{8}$ kg = ______ g

c) $1\frac{3}{4}$ t = ______ kg
$2\frac{1}{2}$ t = ______ kg
$\frac{3}{4}$ kg = ______ g
$2\frac{3}{8}$ t = ______ kg

H2 **363** Schreib in der angegebenen Flächeneinheit:

a) $\frac{1}{4}$ km² = ______ ha
$\frac{1}{5}$ m² = ______ dm²
$1\frac{1}{2}$ ha = ______ a
$1\frac{1}{8}$ m² = ______ dm²

b) $\frac{1}{4}$ m² = ______ dm²
$\frac{3}{4}$ a = ______ m²
$1\frac{1}{2}$ dm² = ______ cm²
$1\frac{1}{8}$ km² = ______ a

c) $\frac{1}{4}$ dm² = ______ cm²
$\frac{3}{4}$ m² = ______ dm²
$1\frac{1}{2}$ cm² = ______ mm²
$\frac{1}{8}$ ha = ______ m²

H2 **364** Schreib in der angegebenen Zeiteinheit:

a) $\frac{1}{4}$ h = ______ min
$\frac{1}{3}$ min = ______ s
$\frac{5}{6}$ h = ______ min
$\frac{2}{3}$ min = ______ s

b) $\frac{1}{4}$ min = ______ s
$\frac{1}{3}$ h = ______ min
$1\frac{1}{6}$ min = ______ s
$\frac{5}{10}$ h = ______ min

c) $1\frac{1}{4}$ h = ______ min
$2\frac{1}{3}$ min = ______ s
$\frac{1}{6}$ h = ______ min
$1\frac{7}{10}$ min = ______ s

H1 H3 **365** Paul gewinnt bei den Vereinsmeisterschaften mit einer Siegerzeit von 2:18,43 Stunden. Simon, der Zweite im Ziel, schaffte das Rennen in 2:19,09 Stunden.

Wie groß ist der Zeitrückstand von Simon auf Paul? Kreuze das richtige Ergebnis an!

☐ a) 0,66 s ☐ b) 0,36 s ☐ c) 1,33 s

H1 H2 **366** Wie viel Zeit liegt dazwischen? Schreib die Zeitspanne in das vorgesehene Kästchen.

a) 8.51 Uhr ______ 14.09 Uhr

b) 14.31 Uhr ______ 20.05 Uhr

c) 23.38 Uhr ______ 01.57 Uhr

Fotolia.com/potowizard

H1 H2 **367** Start- und Landebahnen auf Flughäfen werden in 4 Größen eingeteilt. Sie haben üblicherweise eine Länge von 800 m bis 4 000 m und eine Breite von 18 m bis 60 m. Berechne den Flächenbedarf für die kleinste und größte Landebahn.

H1 H2 **368** Schreib das Ergebnis in cm an:

a) $\frac{3}{4}$ m + $\frac{3}{5}$ m + $\frac{3}{10}$ m = ______________

b) $\frac{3}{4}$ dm + $\frac{3}{5}$ dm + $\frac{3}{10}$ dm = ______________

H1 H2 **369** Schreib das Ergebnis in kg an:

a) $\frac{3}{4}$ t + $\frac{3}{5}$ t + $\frac{3}{10}$ t = ______________

b) $\frac{3}{4}$ kg + $\frac{3}{5}$ kg + $\frac{3}{10}$ kg = ______________

H1 H2 **370** Der Flug von Wien nach Washington dauert 8 h 35 min. Berechne die Ankunftszeit in Washington (6 Stunden Zeitverschiebung gegenüber Mitteleuropa), wenn die Abflugzeit um 10.35 Uhr ist. Kreuze die richtige Antwort an:

☐ a) 14.10 Uhr ☐ b) 13.10 Uhr ☐ c) 16.15 Uhr ☐ d) 19.20 Uhr

H1 H3 **371** Welcher Winkel wird zwischen folgenden Himmelsrichtungen (im Uhrzeigersinn) eingeschlossen?

W – O ______________ SW – NO ______________

NW – NO ______________ S – NO ______________

OSO – W ______________ ONO – OSO ______________

S – NNW ______________ O – SSW ______________

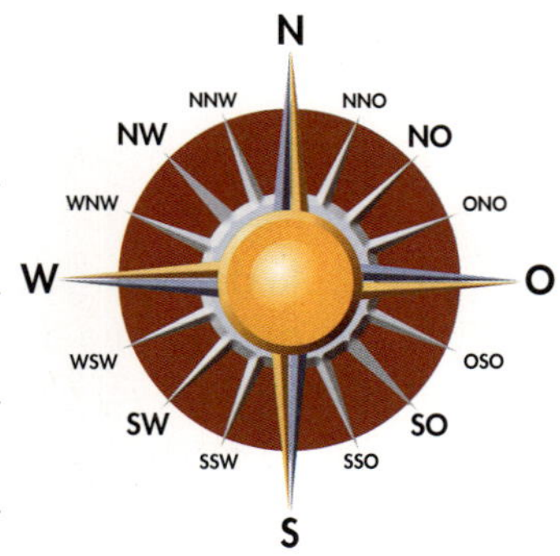

H1 H2 **372** Wer gewinnt das Rennen? Ordne die Zeiten vom langsamsten bis zum schnellsten Sporttreibenden.

a) Sabine: 102,5 min b) Milan: 1 h 38 min c)Tom: 1,8 h d) Anita: 1 $\frac{3}{4}$ h

H1 H2 H3 **373** Geschwindigkeit wird im Alltag zumeist in km/h (Kilometer pro Stunde) oder m/s (Meter pro Sekunde) angegeben.

Du kannst m/s in km/h umwandeln:
Weil 1 km = 1 000 m und 1 h = 3 600 s
so gilt: m/s mal 3,6 ergibt km/h !

m/s → · 3,6 → km/h
km/h → : 3,6 → m/s

Überlegt zu zweit und berechnet gemeinsam:

a) 10 m/s = ______________ km/h

b) 100 km/h = ______________ m/s

c) Schallgeschwindigkeit: 343 m/s = ______________ km/h

K I1 H1 H2 H3 K2 **374** **Die schnellsten Tiere** *(Quelle: www.tierchenwelt.de)*

Schnellster Vogel beim Jagen	Wanderfalke	322 km/h
Schnellster Vogel beim Fliegen	Taube	160 km/h
Schnellstes Landtier (Kurzstrecke)	Gepard	110 km/h
Schnellster Fisch	Fächerfisch	109,7 km/h
Schnellstes Wassertier	Schwertwal	90 km/h
Schnellstes Landtier (Langstrecke)	Gabelbock	88 km/h

a) Berechnet zu zweit, wie viele Meter jedes der Tiere in einer Sekunde zurücklegt.
b) Welche beiden Tiere wären am schnellsten, welche am langsamsten, wenn sie gemeinsam unterwegs sein könnten: die Vögel, die Wassertiere oder die Landtiere?

Level 3

Level 1

H2 **375** Ergänze die Tabellen:

a)

kg	€
2	16
1	
7	
	64

b)

m^2	€
3	9
1	
5	
	30

c)

m^2	Platten
1	2,40
5	
6	
	48

d)

dag	€
8	32
1	
3	
	72

H1 H2 **376** Eine Ölpumpe fördert 1,3 Liter Öl pro Stunde.
Berechne die Fördermenge während der Monate Mai und Juni, wenn die Pumpe 24 Stunden durchgehend pro Tag in Betrieb ist.

picturedesk.com/Jindrich Foltin/Wirtschaftsblatt

H1 H2 **377** In der Spargelsaison ernten 6 Arbeiter etwa 280 kg Spargel pro Stunde.
a) Berechne die geerntete Menge von 8 Wochen, wenn sie täglich 6 Stunden am Feld ernten.
b) An zwei Tagen sind leider 2 Arbeiter erkrankt. Wie viele Stunden müssten die anderen vier Arbeiter pro Tag länger arbeiten, um die gleiche Menge Spargel in diesen zwei Tagen ernten zu können?

H1 H2 **378** Durch einen Gartenschlauch fließen pro Minute 15 Liter Wasser in das Planschbecken.
Wie lange muss das Wasser laufen, bis das Becken mit einem Fassungsvermögen von 480 Litern gefüllt ist?

H1 H2 **379** Ergänze die Tabelle:

kg Spargel	4 kg	2 kg	1 kg	3 kg	5 kg	9 kg
Euro	36 €					

K I2 H1 H3 K1 **380** Die Statistik zeigt die durchschnittlich gefahrenen Kilometer pro Jahr. Arbeitet zu zweit und berechnet die gefahrenen Kilometer für eine Gemeinde, in welcher 2 748 Autos und 286 einspurige Fahrzeuge gemeldet sind.

PKW	15 000 km
Einspurige Fahrzeuge	4 500 km

Info: In Österreich werden insgesamt etwa 65 Milliarden km jährlich mit dem Auto zurückgelegt.

K 381 I2 H1 H2 K2

Eine Studie von PricewaterhouseCoopers[1] geht für das Jahr 2020 davon aus, dass die durchschnittliche Reichweite eines Elektroautos 200 km und die dafür benötigte Energiemenge 30 kWh betragen wird.
1 kWh kostet derzeit etwa 20 Cent.
Berechne die Energiekosten für eine Strecke von 1 000 km.

Fotolia.com/Dariusz Kopestynski

Info: Wusstest du, dass ein Anteil von 20 % Elektrofahrzeugen den österreichischen Stromverbrauch um „nur" 3 % erhöhen würde? Das Argument, dass Elektroautos den Ausbau von Kraftwerken notwendig machen würden, ist damit entkräftet!

Level 1

H2 **382** Der Rasen eines Fußballplatzes soll erneuert werden.
Eine Spezialmaschine erledigt diese Arbeit in 6 Tagen. Der Platz ist danach gefräst, planiert und mit Rollrasen neu bestückt. Da die Meisterschaft in wenigen Tagen beginnt, wird beschlossen, nach 2 Tagen eine zweite leistungsgleiche Spezialmaschine einzusetzen. Nach wie vielen Tagen kann das gesamte Projekt nun abgeschlossen werden?

H1 H2 H4 **383** Vier Mähdrescher benötigen für die Ernte einer Ackerfläche 4,5 Tage.
Wie lange benötigen 6 Mähdrescher für die gleiche Arbeit?
Begründe, um welche Art von Proportionalität es sich handelt.

Günther Vormayr, Linz

H1 H2 **384** Ein rechteckiges Grundstück ist 32 m lang und 10 m breit.
Wie breit ist ein flächengleiches Grundstück mit einer Länge von 40 m?

☐ a) 6 m ☐ b) 8 m ☐ c) 12 m

H1 H3 **385** Überlegt zu zweit und ergänzt die fehlenden Wörter:

a) **Je mehr** Kinder in einer Familie zum Essen kommen, **desto** ________________ muss die Mutter kochen.
b) **Je mehr** Fehler bei der Mathematikkontrolle aufscheinen, **desto** ________________ ist die Note.
c) **Je weniger** Arbeiter zur Verfügung stehen, **desto** ________________ Tage sind für die Ernte nötig.
d) **Je mehr** Liter Apfelsaft ich kaufe, **desto** ________________ muss ich bezahlen.

1) PricewaterhouseCoopers ist eine namhafte Prüfungsgesellschaft, die bestimmte Marktsegmente (wie Elektroautos) beobachtet.

Level 2

H1 H3 **386** Ergänze die Tabelle, rechne im Kopf:

a)

t	1	3		6	8		
Euro	5		25			90	70

b)

Stück	1	3		5	8		
Euro	0,8		3,2			5,6	8,0

c)

km	1	2		6	7		
Euro	6		48			54	60

d)

dag	10	20		60	70		
Euro	1,2		4,8			12	24

H1 H2 **387** Erfinde eine Aufgabenstellung, die zur Tabelle passt und berechne:

kg	Euro
7	21
350	

H1 H2 **388** Ein Mittelklassewagen verbraucht auf 100 km 6,4 Liter Superbenzin.
a) Berechne die Benzinkosten für eine Urlaubsfahrt von 836 km, wenn 1 Liter Benzin 1,44 € kostet!
b) Besprecht zu zweit, welche Kosten bei einer Fahrt mit dem PKW noch miteinbezogen werden müssten, um einen fairen Vergleich mit einer Bahnfahrt anstellen zu können.

K I2 H1 H3 K2 **389** Von einem 120 m breiten und 260 m langen Feld werden 249,6 Tonnen Getreide geerntet.

Berechne den Hektarertrag und kreuze entsprechend an.

☐ a) 60 t ☐ b) 70 t ☐ c) 80 t

MEV Verlag/Susanne Holzmann

K I2 H1 H3 K2 **390** Ergänze die Sätze sinnvoll:

a) **Je mehr** durstige Kinder zum Fest kommen, **desto** ______

b) **Je weniger** Fehler du bei der Schularbeit hast, **desto** ______

c) **Je mehr** Maschinen für die Arbeit zur Verfügung stehen, **desto** ______

d) **Je weniger** Farbstifte ich kaufe, **desto** ______

K **391** I2 H1 H3 K2

Zum Einkochen verwendet Frau Süßli Einkochzucker im Verhältnis 1 : 3.
Sie benötigt für 3 kg Früchte nur 1 kg Zucker.

Frau Süßli entschließt sich, folgende Mengen Obst einzukochen:

16 kg Himbeeren	24 kg Ribisel
20 kg Marillen	12 kg Zwetschken

Wie viele Packungen Gelierzucker (zu 500 g) muss sie einkaufen?

Level 2

H1 H2 **392**

Hanna erhält von ihrem Vater die Erlaubnis, für ihre Kaninchen ein 48 m^2 großes Freigehege im Garten anzulegen und einzuzäunen.
Sie überlegt nun, in welcher Form sie diese Fläche am besten wählt.

Hilf ihr, die Tabelle mit den möglichen Maßen zu ergänzen:

Länge	12 m		10 m		16 m
Breite		1 m		6 m	

Hast du noch weitere Vorschläge?

H1 H3 **393**

Familie Berger heizt mit Pellets. Der Pelletsvorrat reicht bei einem Tagesverbrauch von 15 kg 120 Tage lang.

a) Wie lange könnte Familie Bogner mit derselben Brennstoffmenge heizen, wenn sie den Verbrauch auf 12 kg pro Tag reduzieren würde?

b) Besprecht zu zweit, welche Maßnahmen euch einfallen, um den Brennstoffverbrauch zu reduzieren.

H1 H3 H4 **394**

Achte beim Preisvergleich darauf, die gleichen Mengen miteinander zu vergleichen.

a) Welches der Angebote (A, B oder C) ist das günstigste?
Tina meint, Sorte A kann sie sofort ausschließen, warum ist das richtig?

b) Überlegt zu zweit, warum ist es nicht immer günstig ist, Großpackungen einzukaufen.

Angebot A	5 kg	3,65 €
Angebot B	7,5 kg	4,99 €
Angebot C	10 kg	6,49 €

H1 H2 **395** Der Eurotunnel unter dem Ärmelkanal ist mit einer Länge von 49 940 m der längste Tunnel unter dem Meer. Runde die Länge auf Tausender und berechne die Durchfahrtszeit bei einer konstanten Geschwindigkeit von a) 80 km/h und b) 120 km/h.

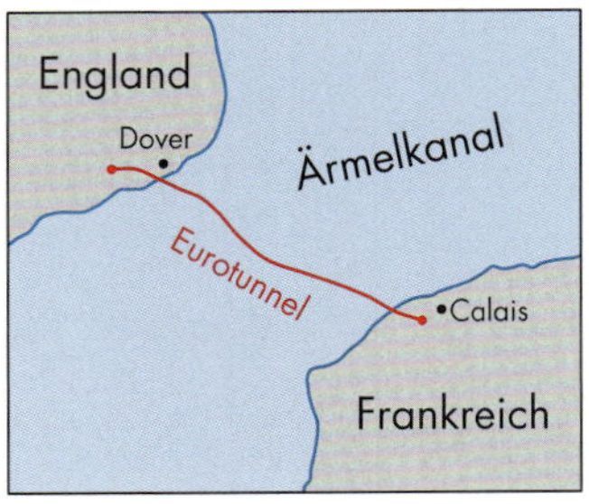

H1 H2 **396** Der Laerdalstunnel in Norwegen ist mit einer Länge von 24 510 m der längste Straßentunnel der Erde.
Runde die Länge auf Tausender und berechne die Durchfahrtszeit bei einer konstanten Geschwindigkeit von a) 60 km/h und b) 100 km/h.

zB Durchfahrtszeit bei 50 km/h:

$x = \frac{60 \cdot 25}{50} = 30$ min

H2 **397** Für die Papierproduktion werden riesige Mengen an Wasser benötigt. Jeder EU-Bürger verbraucht jährlich etwa 167 kg Papier. Um 1 kg Papier herzustellen werden 400 Liter Wasser benötigt. Berechne den Wasserbedarf für die Papiererzeugung von 1000 EU-Bürgern.

H1 H2 **398** Die Großglocknerhochalpenstraße beginnt in Fusch (805 m Höhe) und erreicht nach einer Länge von 30 km das Hochtor (2 504 m Höhe).
Berechne, wie viel m Höhe man nach jedem zurückgelegten km durchschnittlich gewinnt. Kreuze an.

☐ a) 48,6 m ☐ b) 56,3 m ☐ c) 62,6 m

Erkläre, warum die Rechnung (2 504 + 805) : 30 nicht zum richtigen Ergebnis führt.

Fotolia.com/hofi777

K H1 H3 K2 **399** Direkt oder indirekt proportional? Kreuze an.

	direkt proportional	indirekt proportional
a) Futtervorrat – Anzahl der Tiere	☐	☐
b) Erntemenge – Dauer der Ernte	☐	☐
c) Stückpreis – Gesamtpreis	☐	☐
d) Streckenlänge – Fahrzeit	☐	☐

H1 H3 **400** **Füllung eines Wasserbeckens**

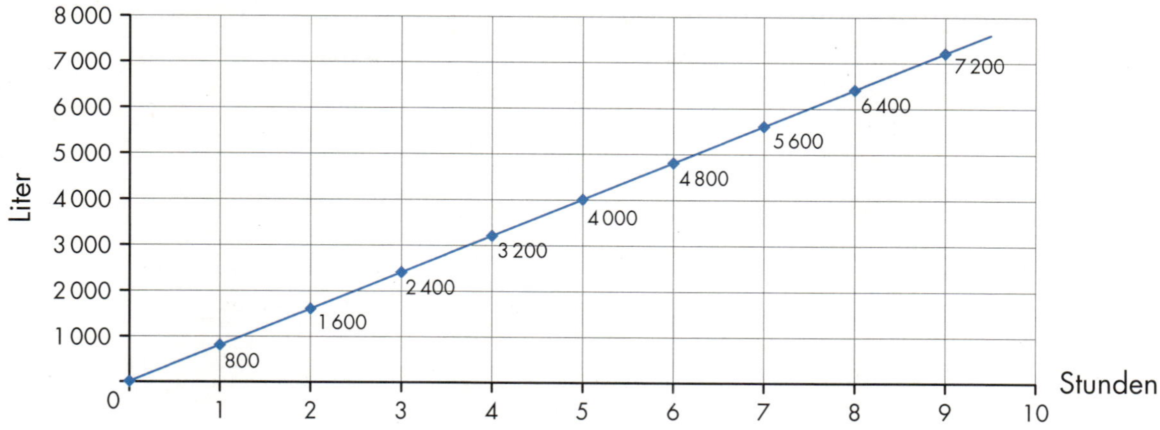

a) Welche Aussage kannst du treffen, nachdem du die Grafik studiert hast?
b) Wie viele Liter Wasser sind zu Beginn und nach 9 Stunden im Becken?
c) Wie viele Liter Wasser sind nach 1, 2, 3, 4, 5, 6, 7, 8 Stunden im Becken? Erstelle eine Tabelle!
d) Handelt es sich hier um eine direkte oder indirekte Proportionalität? Begründe!
e) Florian behauptet, er könne sagen, nach wie vielen Stunden das Becken überläuft. Stimmt das?

H1 H2 **401** Die Golden Gate Bridge hat eine Länge von 2 737 m. Täglich nützen 120 000 Fahrzeuge diese Verbindungsmöglichkeit. Berechne wie viele Fahrzeuge durchschnittlich jede Minute auf die Brücke auffahren.

MEV Verlag/Herbert W. Hesselmann

Neben der Freiheitsstaute von New York gilt diese Brücke als wichtigstes Wahrzeichen der USA.

K H1 H2 H4 K3 **402** Die Chinesische Mauer gilt hinsichtlich Masse und Volumen als größtes Bauwerk der Welt. Sie erstreckt sich auf einer Länge von ca. 21 200 km. Die Durchschnittsbreite liegt bei 6 m.

a) Wie viele km^2 verbaute Fläche ergeben sich daraus?
b) Es wird behauptet, die Chinesische Mauer sei sogar vom Weltraum aus zu sehen. Was meinst du dazu, überlegt zu zweit.

Level 3

H2 **403** Konstruiere die Dreiecke (SSS-Satz).

a) $a = 34$ mm; $b = 47$ mm; $c = 60$ mm
b) $a = 4{,}5$ cm; $b = 60$ mm; $c = 8$ cm

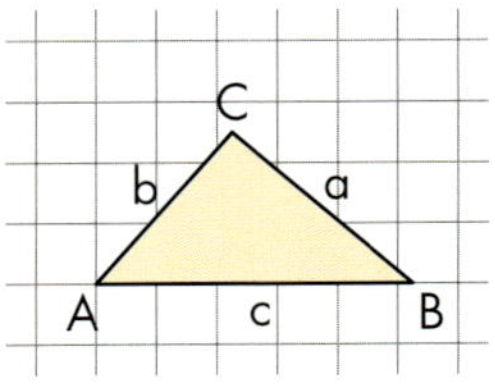

H2 **404** Konstruiere das Dreieck nach dem SWS-Satz.

$c = 5$ cm; $\alpha = 60°$; $b = 7{,}4$ cm

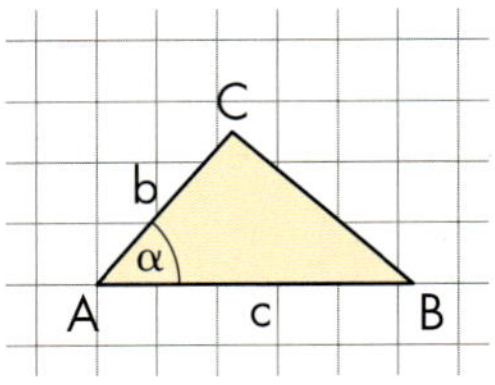

K H2 **405** Konstruiere das folgende Dreieck (SWS-Satz).

$a = 2$ cm; $\beta = 110°$; $c = 7{,}2$ cm

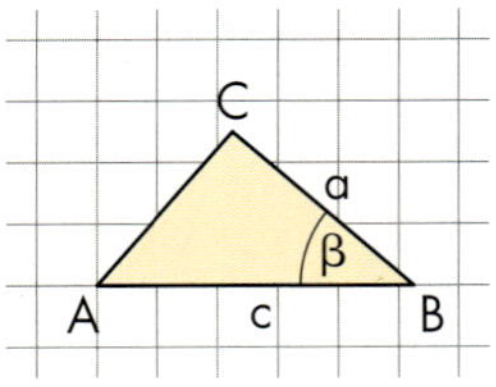

H2 **406** Gegeben sind zwei Seiten und der eingeschlossene Winkel. Konstruiere das Dreieck (SWS-Satz).

$a = 55$ mm; $b = 41$ mm; $\gamma = 80°$

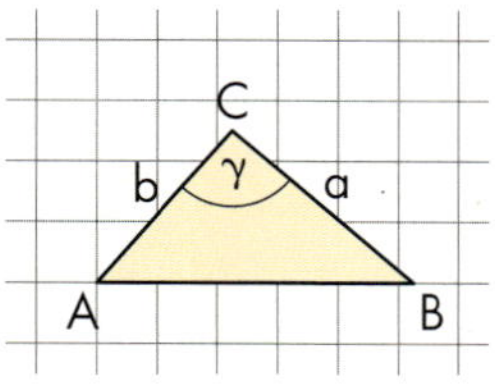

H2 H3 **407** Konstruiere das Dreieck nach dem WSW-Satz.

$c = 2$ cm; $\alpha = 20°$; $\beta = 100°$. Wie groß ist der dritte Winkel?

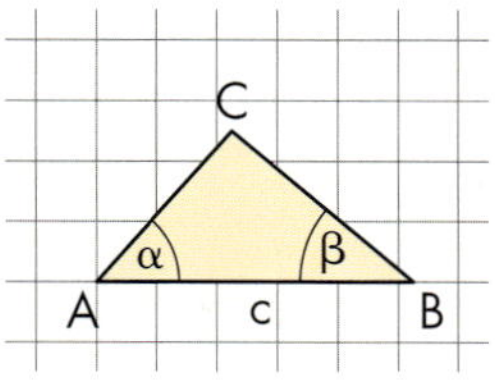

K H2 H3 **408** Gegeben sind die Winkel $\alpha = 55°$ und $\gamma = 35°$. Die Seite b ist 5,3 cm lang.
Konstruiere das Dreieck (WSW-Satz).
Um welche Dreiecksart handelt es sich?

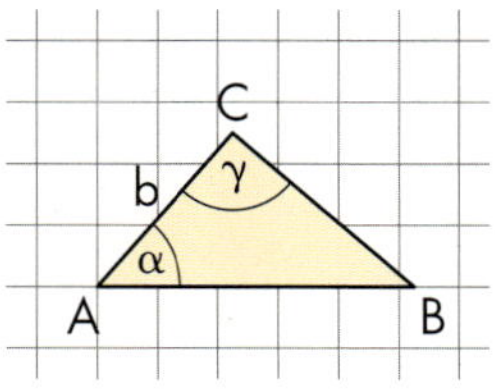

H2 H3 **409** Konstruiere das Dreieck (WSW-Satz).
Die Seite a ist 6,1 cm lang. $\beta = 50°$ und $\gamma = 15°$.

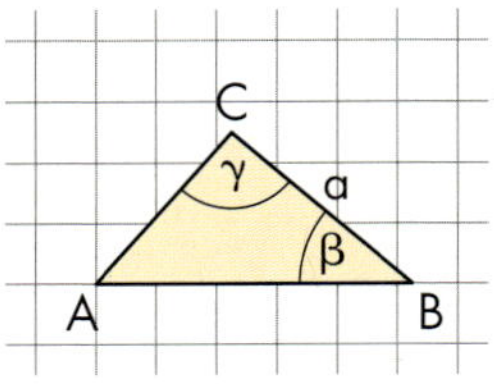

K **410** H2 H3 Zeichne in ein Koordinatensystem ($\overline{01}$ = 1 cm) das Dreieck △ABC: A (1/2), B (8/0).
Die beiden anliegenden Winkel haben jeweils 40°. Welche Koordinaten hat der Punkt C?

H2 H3 **411** Konstruiere das Dreieck nach dem SSW-Satz.
Bedenke, dass es 2 Lösungen gibt, wenn der Winkel der kürzeren Seite gegenüberliegt.
$c = 70$ mm; $a = 56$ mm; $\alpha = 40°$

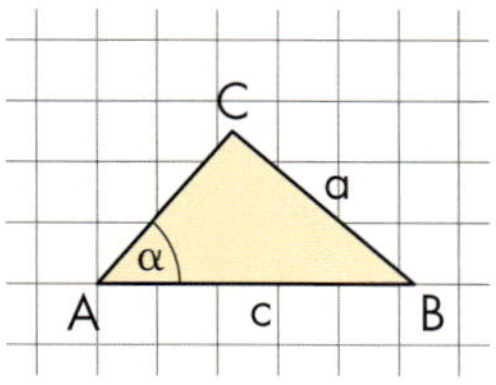

K H2 H3 **412** Die Maßangaben für ein Dreieck lauten: $c = 50$ mm, $b = 40$ mm und $\gamma = 40°$.
Konstruiere das Dreieck, miss die fehlende Seite a und die fehlenden Winkel α und β (SSW-Satz).

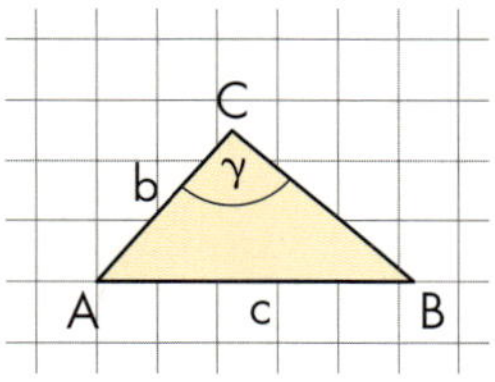

Level 2

H2 H3 **413** Im Koordinatensystem ($\overline{01}$ = 1 cm) befindet sich ein Dreieck.
A (2/1); C (5/7); γ = 67°; c = 7,5 cm
Mache eine Skizze und konstruiere es anschließend. Welche Koordinaten hat der Punkt B?
(SSW-Satz)

K H2 H3 **414** Konstruiere das Dreieck und anschließend seinen Umkreis.
a = 6 cm; b = 4 cm; α = 60°

H2 H3 **415** Konstruiere in einem rechtwinkligen Koordinatensystem das Dreieck und seinen Umkreis.
A (0/1); B (9/4); C (4/8)

K H2 H3 **416** Zeichne ein beliebiges stumpfwinkliges Dreieck und konstruiere den Umkreismittelpunkt U.
Wo liegt U?

H2 H3 **417** Konstruiere das Dreieck und anschließend seinen Inkreis (I = Schnittpunkt der Winkelsymmetralen).
a = 7 cm; b = 3,5 cm; c = 5,2 cm

Level 3

H2 H3 **418** Zeichne ein beliebiges stumpfwinkliges Dreieck und konstruiere anschließend seinen Inkreis.

K H2 H3 **419** Wie groß ist der Steigungswinkel α der Straße?
Zeichne dazu das Dreieck im Maßstab 1 : 1000 nach.
(1 m entspricht 1 mm)

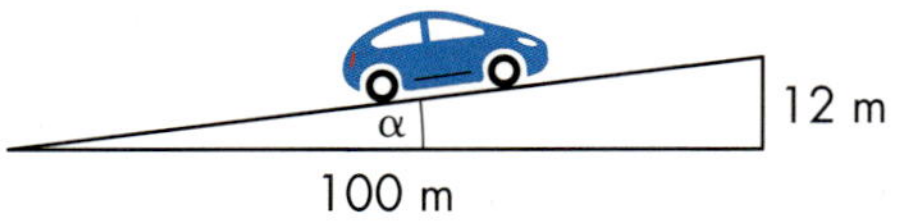

H2 H3 **420** Konstruiere das Dreieck und zeichne alle Höhen ein.
$b = 5{,}7$ cm; $c = 7$ cm; $\alpha = 68°$

K H2 H3 H4 **421** Zeichne ein beliebiges spitzwinkliges Dreieck. Konstruiere den Umkreismittelpunkt, den Höhenschnittpunkt und den Schwerpunkt ein. Liegen die 3 Punkte auf einer Geraden?

H2 **422** Hier sind die Noten einer Schularbeit aufgelistet:

2, 3, 5, 2, 1, 1, 2, 5, 1, 2,
3, 2, 4, 4, 2, 3, 1, 4, 2, 2,
2, 3 ,3, 4, 2, 2, 1, 1, 3, 4,
1, 3

a) Ergänze die Tabelle.

Note	absolute Häufigkeit	relative Häufigkeit
1		
2		
3		
4		
5		

b) Erstelle ein Säulendiagramm!

c) Erstelle ein Kreisdiagramm!

Level 1

423 In der 2A-Klasse einer Schule gibt es 24 Schülerinnen und Schüler. In der 2B-Klasse sind es nur 20 Schülerinnen und Schüler. Die Diagramme zeigen die Lieblingsspeisen der beiden Klassen.

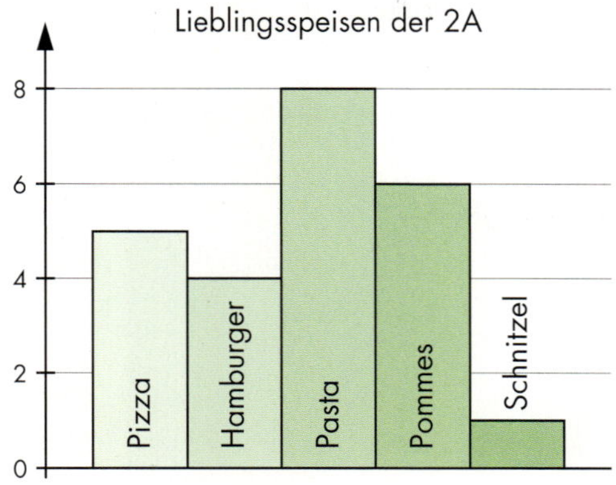

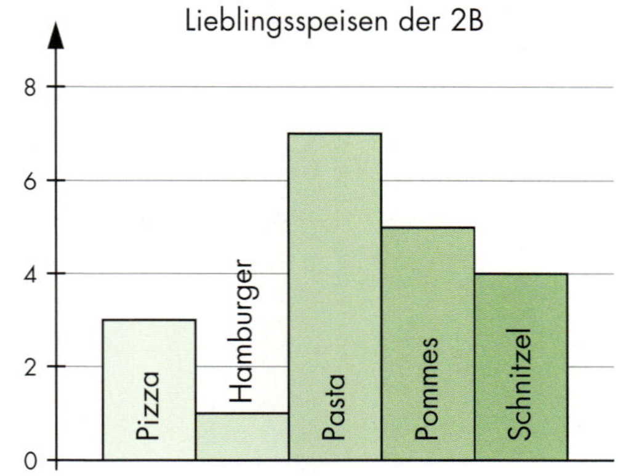

H2 H3 a) Lies die Verteilung aus dem Diagramm ab und bestimme die **absolute** und **relative Häufigkeit** jeder Speise für jede Klasse extra.

H4 b) Welche der beiden Klassen ernährt sich deiner Meinung nach gesünder? Begründe deine Entscheidung und erstelle eine Liste mit gesunden Nahrungsmitteln.

Level 1

K H2 **424** In der Reihe sind die Ergebnisse von 30 Würfelwürfen aufgelistet. Gib die **absolute Häufigkeit** der Würfe an.
1, 2, 5, 3, 5, 6 ,1, 2, 5, 6,
2, 6, 4, 1, 3, 3, 1, 3, 4, 5,
6, 5, 5, 6, 4, 2, 5, 2, 3, 1

Fotolia.com/fredredhat

H2 **425** Von 100 Besuchern eines Konzerts sind 56 Jugendliche, 12 Pensionistinnen und Pensionisten, der Rest sind Berufstätige.

a) Erstelle ein Kreisdiagramm zu diesen Angaben mit Zirkel und Geodreieck.

H4 b) Begründe, warum der Kreissektor, der den Anteil der Jugendlichen angibt, am größten sein muss!

H2 H3 **426** Von 1 200 Mitarbeiterinnen und Mitarbeitern einer Firma arbeiten 220 im Büro, 480 im Außendienst und der Rest in der Produktion.
Berechne die relativen Häufigkeiten der einzelnen Berufssparten.

K H2 H3 K1 **427** Das Kreisdiagramm zeigt die Verteilung verschiedener Tierarten in einem Zoo, der insgesamt ca. 200 Tiere beherbergt.

a) Gib die ungefähren absoluten Zahlen der einzelnen Tierarten an.
Miss dazu die Winkel ab.

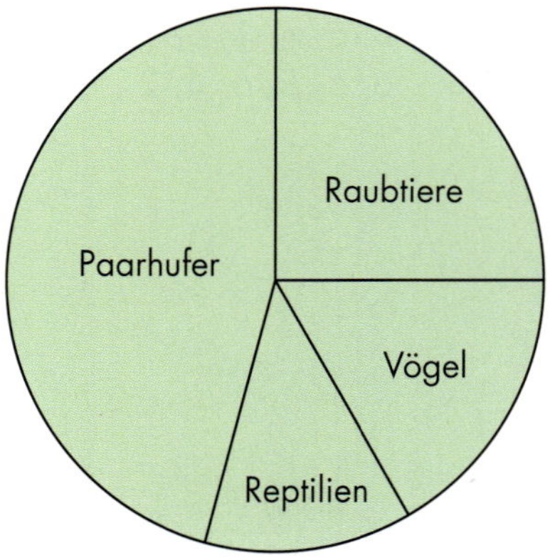

K3 b) Miriam meint, dass Paarhufer weniger Platz benötigen als Raubtiere. Gibst du ihr recht?

H2 **428** **Österreich ist das Land der Äcker**

2011 betrug die Getreideernte in Österreich ca. 5,7 Millionen Tonnen.
Die Liste zeigt die Verteilung in den einzelnen Bundesländern (in 1000 Tonnen).
Erstelle dazu ein Säulendiagramm.

Niederösterreich	2 617
Oberösterreich	1 391
Steiermark	844
Burgenland	535
Kärnten	259
Wien	13
Salzburg	7
Tirol	3
Vorarlberg	1

H3 **429** Die Liniengrafik zeigt den Ernteverlauf für Weizen von 1975 bis 2011 (Menge in Tausend Tonnen). Beschreibe diese Grafik und informiere dich über den Ernteertrag von Weizen seit 2011 bis heute.

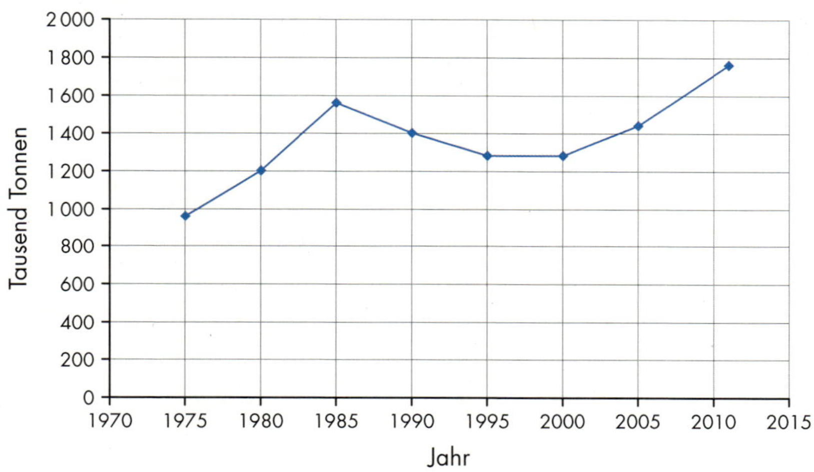

K **430** **Die Sojabohnenernte zwischen 1990 und 2011**

H2 a) Erstelle eine Liniengrafik zu den gegebenen Daten.

Jahr	Menge in 1000 Tonnen
1990	18
1993	125
1995	95
2000	33
2005	61
2011	109

K3 b) Wissenschafterinnen und Wissenschafter meinen, dass „Soja" als Ersatz für Fleischnahrung sehr gut geeignet ist. Was weißt du darüber?

Level 1

H2 **431** Bezeichne Ecken, Seiten und Winkel.

a) b) c) d)

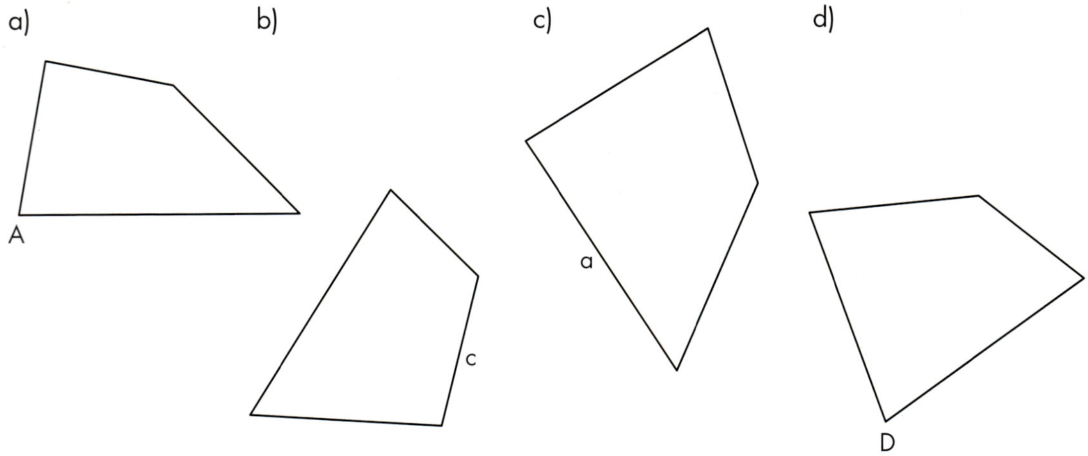

H3 **432** Kreuze an, ob die Aussagen richtig oder falsch sind. Falls nötig, frag deine Sitznachbarin oder deinen Sitznachbarn um Rat.

	richtig	falsch
a) $\delta = 124°$	☐	☐
b) $\alpha = 180° - 124°$	☐	☐
c) $\alpha = \lambda$	☐	☐
d) $\lambda + 124° = 180°$	☐	☐

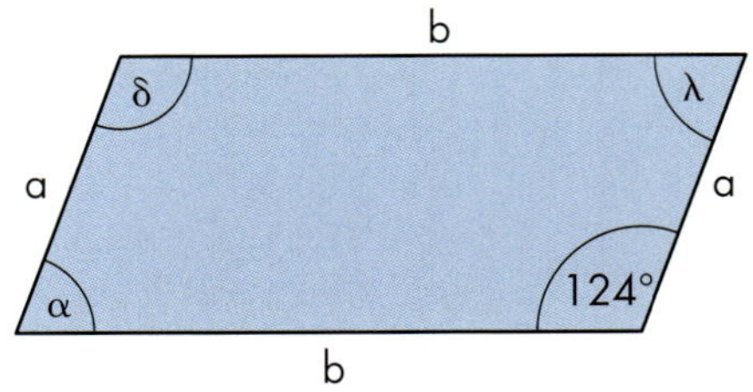

H2 **433** Zeichne drei beliebige Vierecke. Beschrifte Ecken, Seiten und Winkel und zeichne die Diagonalen ein.

K **434** Zeichne das Viereck ins Koordinatensystem, beschrifte es vollständig und gib an, ob es sich um ein allgemeines Viereck oder um ein Parallelogramm handelt.
Viereck ABCD: A (2/0); B (5/1); C (5/6); D (0/7)

I3 H2 H3 K1

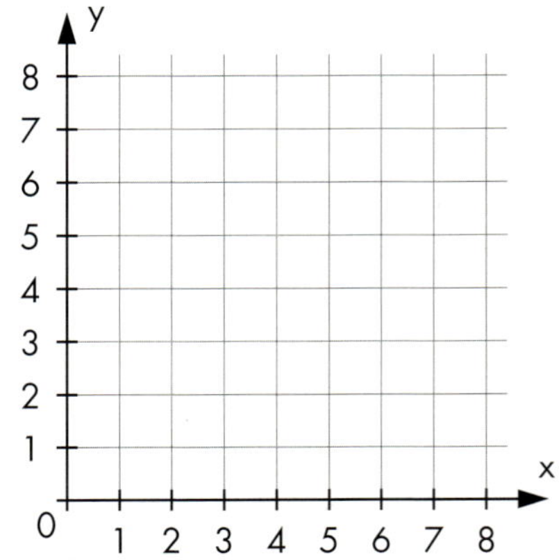

H1 H3 **435** Woran kannst du erkennen, dass das abgebildete Viereck kein Parallelogramm ist? Kreuze die richtigen Aussagen an.

- ☐ a) Zwei Seiten sind gleich lang.
- ☐ b) Gegenüber liegende Seiten sind nicht gleich lang.
- ☐ c) Nur zwei gegenüber liegende Seiten sind parallel.
- ☐ d) Gegenüber liegende Winkel sind nicht gleich groß.

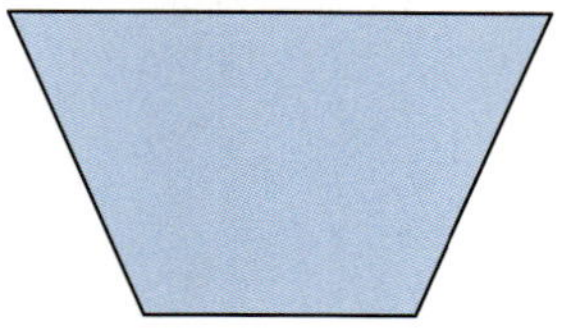

H2 **436** Ergänze die fehlende Beschriftung.

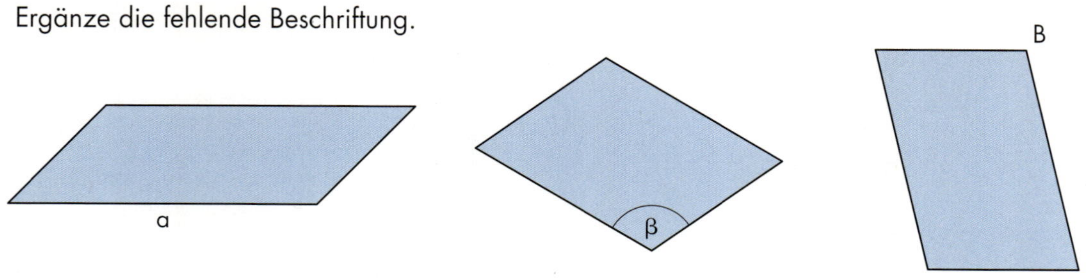

H1 **437** Welche Vierecke sind abgebildet?

a)

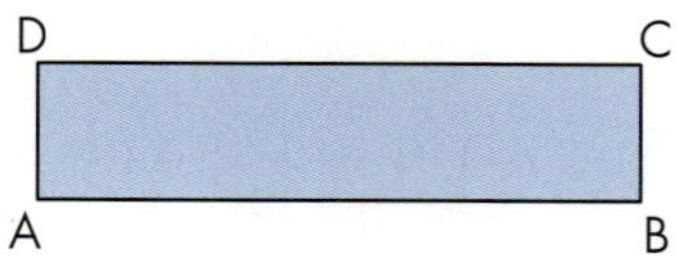

b)

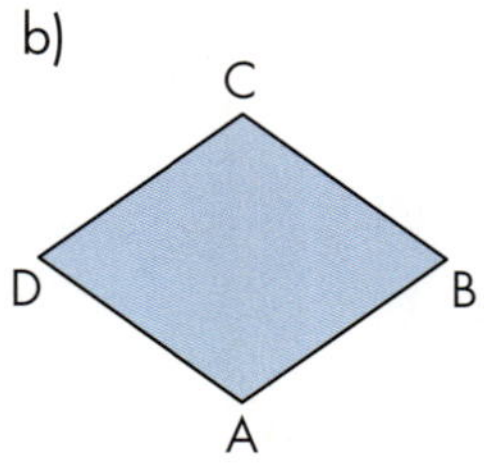

c)

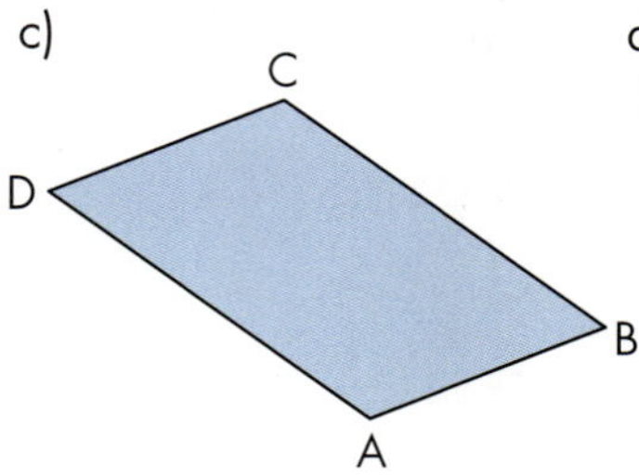

d)

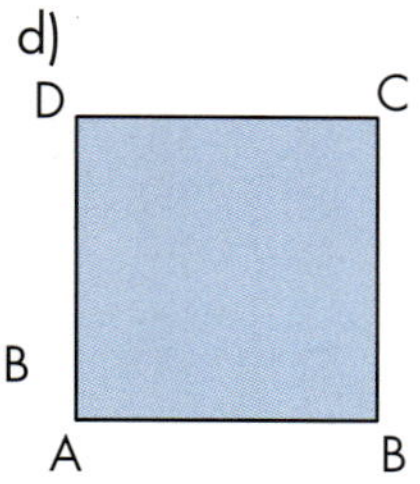

H2 **438** Konstruiere das Parallelogramm.

Skizze:

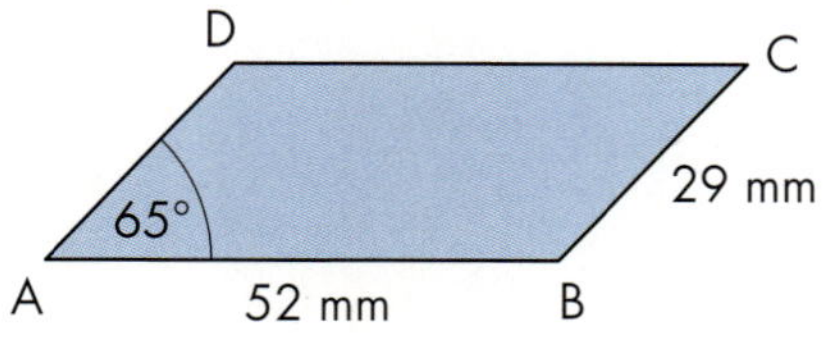

K I3 H1 K1 **439** Wie viele Symmetrieachsen gibt es? Kreuze richtig an.

	0	1	2	4 Symmetrieachsen
a) Quadrat	☐	☐	☐	☐
b) Allgemeines Parallelogramm	☐	☐	☐	☐
c) Raute	☐	☐	☐	☐
d) Rechteck	☐	☐	☐	☐

Level 1

H1 **440** In einem Parallelogramm sind alle Seiten gleich lang, kein Winkel ist 90°. Um welche Figur handelt es sich? Mach eine Skizze.

H1 **441** Formuliere möglichst viele Eigenschaften der Raute. Arbeitet im Team.

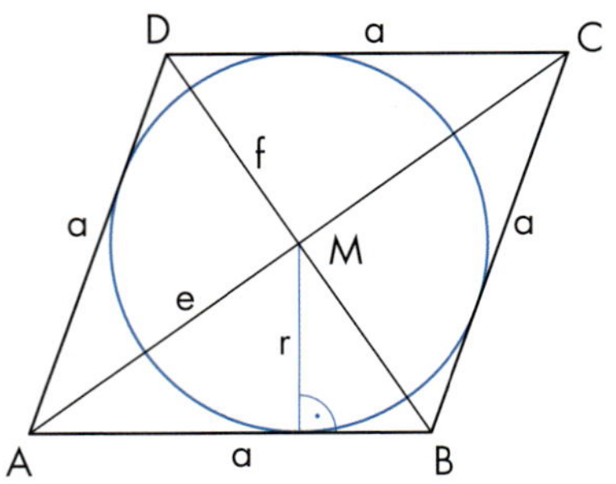

H1 **442** Nenne drei Gegenstände oder Figuren, die die Form einer Raute haben.

K **443** Konstruiere den Inkreis der Rauten. Beschrifte die Figuren vollständig.

I3 H2 K2

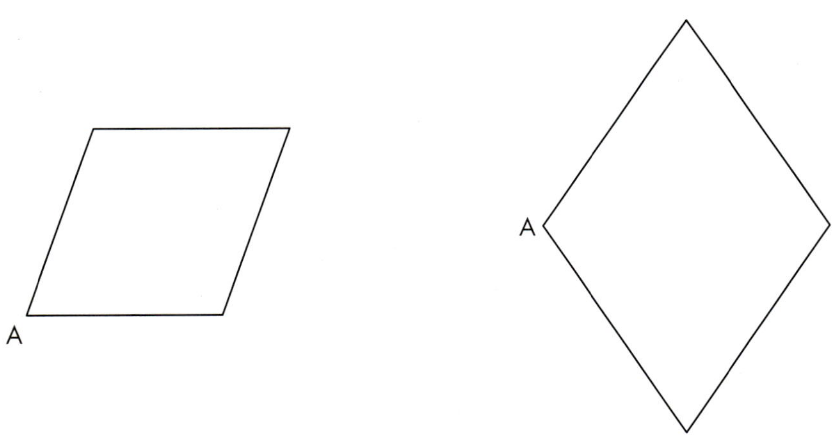

H1 H3 **444** Die angegebenen Parallelogramme kannst du nicht konstruieren. Es hat sich ein Fehler eingeschlichen. Gib jeweils mindestens eine Möglichkeit an, ihn auszubessern.

zB a = 35 mm; b = 77 mm; α = 65°; β = 119° Korrektur: β = 115°

a) a = 72 mm; b = 4 cm; α = 75°; β = 110° Korrektur: ______

b) a = 6,3 cm; e = 6,3 cm; β = 100° Korrektur: ______

c) a = 65 mm; α = 65°; β = 42° Korrektur: ______

Level 2

H2 **445** Wie groß ist der Umfang? Gib auch jeweils eine Umfangsformel an.

		Angaben	Umfangsformel	u
a)	Parallelogramm	a = 3,4 cm; b = 6,2 cm		
b)	Rechteck	a = 24 mm; b = 5,2 cm		
c)	Raute	a = 6,8 cm		
d)	Quadrat	s = 0,65 m		

H2 **446** Zeichne die Punkte in ein Koordinatensystem und ergänze sie zu einem Parallelogramm. Gib die Koordinaten des 4. Eckpunktes an.

a) A(3/1); B(7/1); C(4/6); D(/)

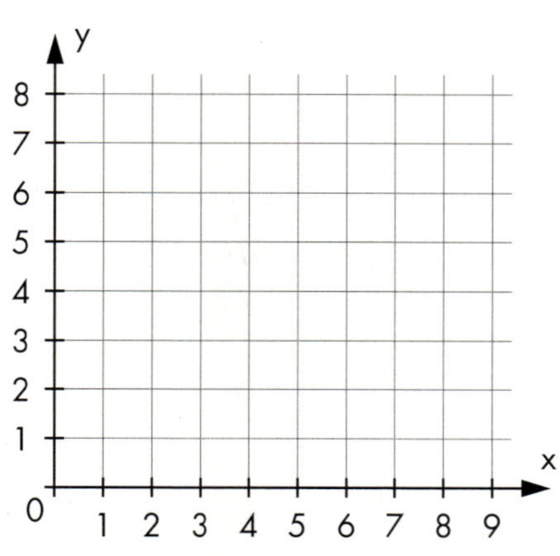

b) A(0/0); B(/); C(4/5); D(2/5)

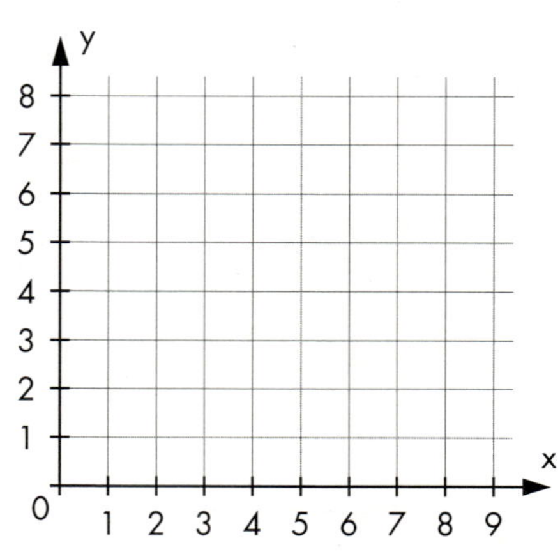

K I3 H3 K2 **447** Wie viele Parallelogramme kannst du erkennen?

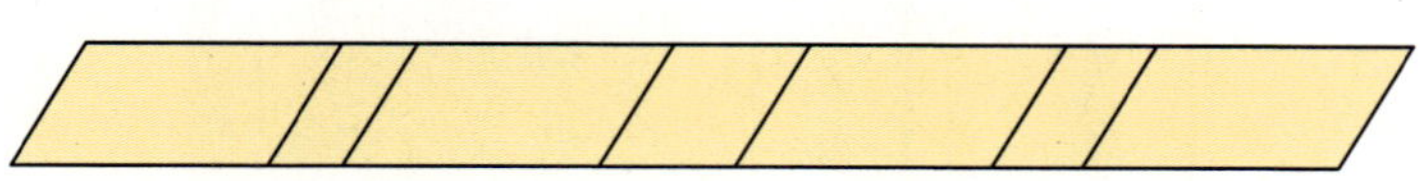

Level 3

H2 **448** Konstruiere die Raute ($a = 5{,}2$ cm; $\alpha = 50°$) und ihren Inkreis. Vergiss nicht auf die Skizze.

H2 H4 **449** Von einer Raute kennst du die Länge der Diagonalen e und f.
$e = 9{,}6$ cm; $f = 12{,}8$ cm

a) Konstruiere sie, fertige vorab eine Skizze an.

b) Josef meint, aus der Skizze sei zu erkennen, dass α ein stumpfer Winkel ist.
Erkläre, warum das stimmt.

H1 H2 **450** In einem Parallelogramm ist α dreimal so groß wie β ($\beta = 45°$).
Kreuze an, ob die Aussagen richtig oder falsch sind.

	richtig	falsch
a) α ist 130°, β ist 45°.	☐	☐
b) γ ist auch 45°.	☐	☐
c) δ ist 45°.	☐	☐
d) α und γ sind 135°.	☐	☐

K I3 H2 K2 **451** Konstruiere Inkreis und Umkreis.

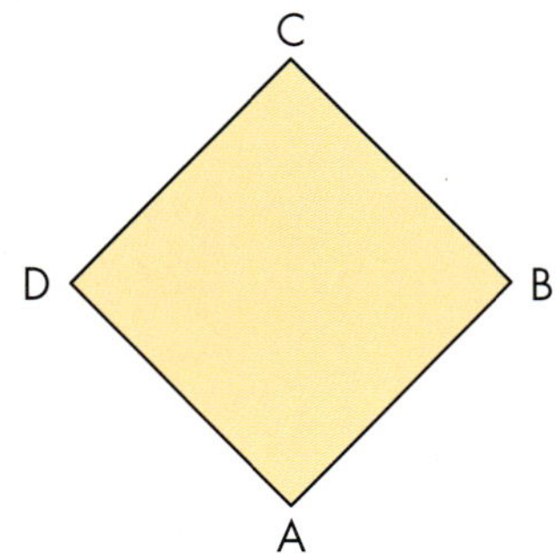

H2 H3 **452** Berechne den Flächeninhalt des weißen Vierecks.

a = 6 cm c = 4 cm
g = 5 cm e = 2,5 cm
b = 1 cm

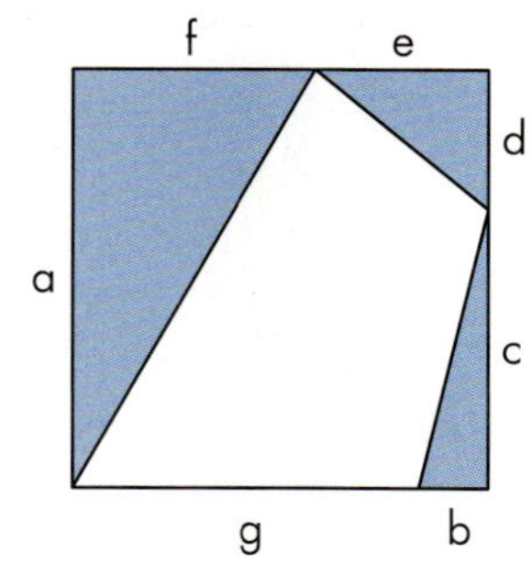

H2 **453** Verlängere die Katheten des rechtwinkligen Dreiecks so, dass eine Raute entsteht.
Wenn du die Seite und die Diagonalen abmisst, kannst du Umfang und Flächeninhalt der Raute bestimmen.

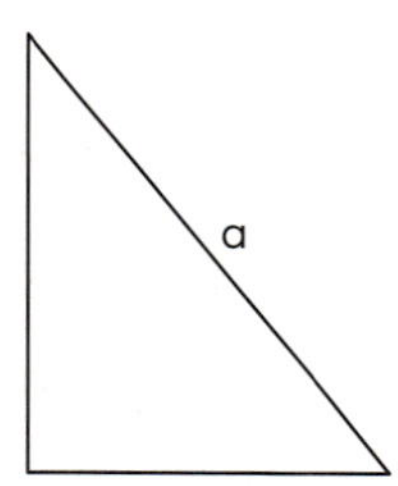

u = ______________________ A = ______________________

K I3 H2 H3 K2 **454** Ein Grundstück hat die Form einer Raute ($a = 37{,}5$ m; $\beta = 65°$).
Kreuze an, ob die Aussagen richtig oder falsch sind.

	richtig	falsch
a) Der Winkel α ist gleich groß wie der Winkel β.	☐	☐
b) Damit ich die Raute in mein Übungsbuch zeichnen kann, verwende ich den Maßstab 1 : 50.	☐	☐
c) Der Umfang des Grundstücks beträgt 150 m.	☐	☐
d) Aus den Angaben kann ich den Flächeninhalt nicht berechnen.	☐	☐

Level 1

H2 **455** Berechne die angegebenen Prozentsätze.

	1 % von	2 % von	10 % von	25 % von	50 % von	75 % von
100						
28						
40						
80						
200						

H1 H2 **456** Lies die Werte aus dem Diagramm ab:

Note	Prozent
1	
2	
3	
4	

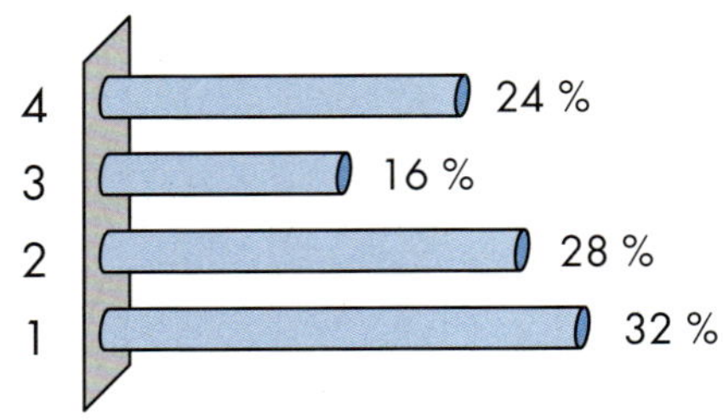

H1 H2 **457** Michelle kauft sich ein neues Handy, welches zu einem Preis von 79,90 € angeschrieben ist. Von diesem Preis werden aufgrund einer Sonderaktion 20 % abgezogen.
Wie viel hat sie zu bezahlen? Kreuze an.

☐ a) 59,90 € ☐ b) 51,95 € ☐ c) 63,92 €

H1 H2 **458** Ullrich möchte sich ein ferngesteuertes Auto kaufen. Im Spielwarengeschäft gibt es eine Aktion „Alles um 10 % reduziert". Wie viel muss er bezahlen, wenn der ursprüngliche Preis 129 € betrug?

☐ a) 116,10 € ☐ b) 119,90 € ☐ c) 139,90 €

H1 H2 **459** Die Anbaufläche einer Gärtnerei beträgt 5 000 m². 18 % werden zum Gemüseanbau verwendet. Wie viel m² sind das?

zB Wir berechnen 12 %:
$x = 5\,000 : 100 \cdot 12 =$
$= 600$ m²

K H1 H2 K2 **460** Berechne:

a) 20 % von 500 =
20 % von 70 =
20 % von 1000 =

b) 30 % von 1 500 =
30 % von 700 =
30 % von 50 =

c) 75 % von 200 =
75 % von 80 =
75 % von 400 =

H1 H2 **461** Ein Weinbauer erzeugt 72 hl Wein und verkauft 65 % davon. Wie viele Liter sind das? Kreuze an.

☐ a) 65,8 hl ☐ b) 46,8 hl ☐ c) 45,9 hl

H2 H3 **462** Lies die Ergebnisse aus dem Kreisdiagramm ab:

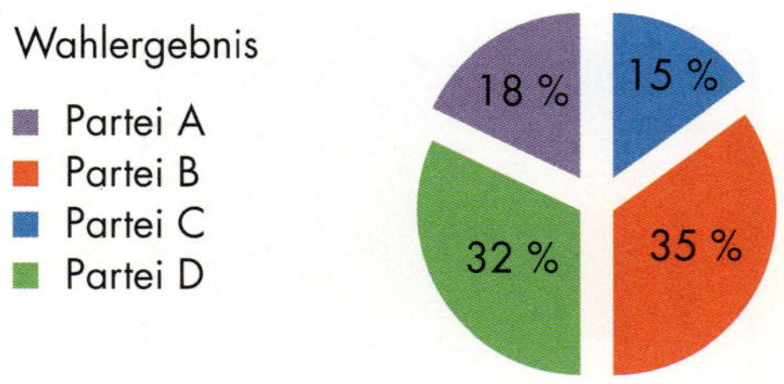

Partei	Prozent

H2 **463** Vervollständige die Tabelle:

100 %	1 %	2 %	10 %	25 %	50 %	75 %
					30	
	5					
			40			
120						
		6				

H1 H2 **464** Die Transportkosten erhöhen den Preis der Ware um 8 %. Wie viel muss für die Lieferung bezahlt werden, wenn der Warenwert 17 540 € beträgt?

zB 150 € + 8 %

x = 150 : 100 · 8 = 12

150 + 12 = 162 €

H2 **465** Ergänze die Tabelle:

100 %	10 %	1 %	50 %	25 %	75 %
500 €					
40 kg					
280 m					
800 €					

K H1 H2 **466** Martin kauft sich ein neues Snowboard um 249 €. Er erhält 20 % Preisnachlass. Wie viel muss er nun bezahlen? Kreuze an.

☐ a) 199,20 € ☐ b) 188,90 € ☐ c) 219,90 €

Level 1

H1 H2 **467** Sophie freut sich über das neue iPad. Der Neupreis betrug 860 €. Erfreulicherweise erhielt ihr Vater beim Kauf 5 % Rabatt. Wie viel musste er bezahlen?

H1 H2 **468** Berechne die Gesamtstrecke, wenn 25 %, das sind 1 338 km, bereits gefahren wurden!

H1 **469** Erkläre die Begriffe, nachdem du sie mit deiner Sitznachbarin oder deinem Sitznachbarn besprochen hast.

Skonto: ____________________

Mehrwertsteuer: ____________________

Rabatt: ____________________

Prozent: ____________________

Promille: ____________________

H1 H3 **470** Wie kannst du 28 % noch anschreiben? Kreuze richtig an:

☐ a) 0,28 ☐ b) $\frac{28}{10}$ ☐ c) $\frac{28}{100}$ ☐ d) 2,8

H1 H3 **471** Wie kannst du 134 % noch anschreiben? Kreuze richtig an:

☐ a) 1,34 ☐ b) 0,134 ☐ c) $\frac{34}{100}$ ☐ d) $1\frac{34}{100}$

H1 H2 **472** 6 % der gelieferten 4 800 Ziegel für eine Baustelle waren zerbrochen. Wie viele sind das?

☐ a) 288 Ziegel ☐ b) 144 Ziegel ☐ c) 480 Ziegel

K H1 H2 K2 **473** Peter kaufte sich ein Auto um 24 000 €. Einige Zeit später verkaufte er es mit 25 % Verlust. Zu welchem Preis hat er es verkauft?

☐ a) 20 000 € ☐ b) 18 000 € ☐ c) 22 000 €

H1 H2 **474** Der iPod kostet inklusive Mehrwertsteuer 189 €. Berechne die Mehrwertsteuer!

H1 H2 **475** Durch einen Stromausfall im Tiefkühlregal mussten 45 % des Speiseeises entsorgt werden. Wie groß ist der Schaden, wenn der Verkaufserlös der Gesamtmenge 285 € gewesen wäre?

H2 **476** Ergänze die Tabelle:

	von 50 €	von 80 €	von 15 €	von 20 m	von 140 kg	von 300 m²	von 12 cm
10 %							
20 %							
60 %							
30 %							

H1 H2 **477** Wie hoch ist die Jahresprämie, wenn die Versicherungssumme 550 000 € ausmacht und die Prämie 2,2 ‰ davon beträgt? Kreuze an.

☐ a) 1 210 € ☐ b) 2 200 € ☐ c) 1 150 €

H1 H2 **478** Ein Geschäftsmann versichert sein Geschäft gegen Einbruch auf 2 Millionen Euro. Wie hoch ist die jährliche Prämie, wenn diese 1,5 ‰ der Versicherungssumme beträgt?

zB Wir berechnen 2,5 ‰:
2 Mio : 1000 · 2,5 = 5 000 €

K H1 H3 K2 **479** Gib die Werte für G, A und p richtig an:

a) 45 % von 782 = 351,9.

G = ______________ p = ______________ A = ______________

b) 76,5 sind 17 % von 450.

G = ______________ p = ______________ A = ______________

Level 3

H1 H2 H3 **480** Erstelle mithilfe der Tabelle ein Kreisdiagramm über den Waldbestand auf unserer Erde.
Berechne zuvor die prozentuellen Waldanteile!
Gesamte Waldfläche: 3 454 Mio Hektar

Nordamerika	457 000 000 ha	%
Europa	146 000 000 ha	%
Russland	816 000 000 ha	%
Asien/Ozeanien	565 000 000 ha	%
Afrika	520 000 000 ha	%
Lateinamerika/Karibik	950 000 000 ha	%

Quelle: Fischer Weltalmanach 2005

Wusstest du, dass die Waldfläche in den Industriestaaten im 5-Jahres-Zeitraum um etwa 2 % steigt, während es in den Entwicklungsländern im selben Zeitraum 8 % Waldverlust gibt?

H1 H4 **481** Felix meint, wenn er von einem Preis zweimal 20 % abzieht, erhält er denselben Preisnachlass, als würde er einmal 40 % abziehen. Kreuze an, welche Überlegung ihn zum richtigen Ergebnis führt.

☐ a) $G \cdot 0{,}8 \cdot 0{,}8 = G \cdot 0{,}64$ widerspricht $G \cdot 0{,}6$

☐ b) 2 mal 20 gleich 40, daher derselbe Preisnachlass

☐ c) Für den zweiten Abzug von 20 % geht man von einem anderen Ausgangswert aus. Daher ist das Ergebnis nicht das gleiche, als würde man einmal 40 % abziehen.

K H1 H2 K3 **482** Eine Firma gewährt seinen Großkunden 15 % Rabatt.
Die bestellte Lieferung hat einen Wert von 85 400 €.

a) Wie viel muss der Händler tatsächlich bezahlen?
b) Klara meint, um zu einer Lösung zu kommen, muss sie nur 85 400 durch 0,15 dividieren. Erkläre Klara ihren Denkfehler.

H1 H2 **483** Die Umsatzsteuer in den USA ist in den einzelnen Bundesstaaten unterschiedlich: Diese „State Rate" beträgt etwa in Kalifornien 7,5 %, in Virginia jedoch 4,5 %. Berechne den Preisunterschied für ein Paar Schuhe, wenn der Preis ohne Steuern jeweils 40 USD (US-Dollar) beträgt.

Level 3

H1 H2 H3 **484** Berechne die Anteile, wenn die Gesamtfläche Österreichs 83 871 km² beträgt (Angaben in %).

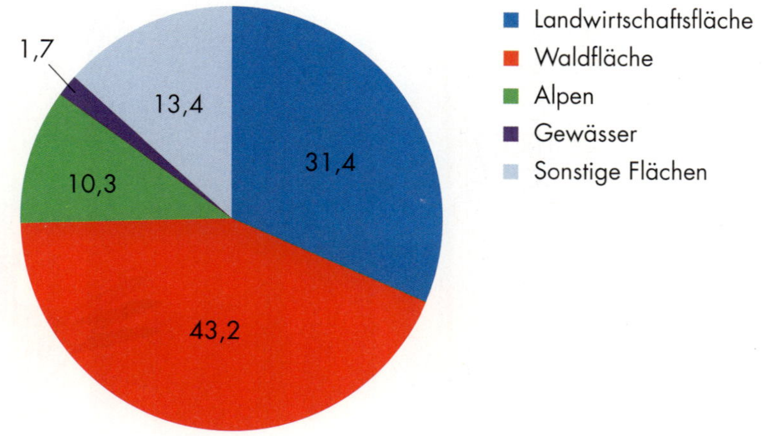

H1 H2 **485** Bei der Lieferung stellt sich heraus, dass 51 kg der 850 kg Erdbeeren verdorben waren.

a) Wie viel % sind das? Kreuze an:

☐ 5 % ☐ 6 % ☐ 7 %

b) Wie hoch ist der Verdienstentgang, wenn 1 kg Erdbeeren 3,20 € kostet?

K H1 H2 K2 **486** Jonas erhält 15 € Taschengeld und bekommt eine Erhöhung um 20 %. Kevins Taschengeld in der Höhe von 14 € wird um 30 % erhöht. Wer kann sich nach der Erhöhung über mehr Taschengeld freuen?

Level 1

H1 **487** Benenne die Figur und gib ihre Eigenschaften an.

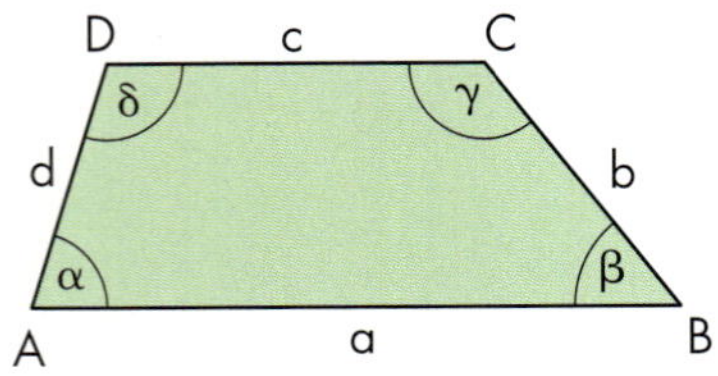

Eigenschaften des ______________________________:

1) ______________________________.

2) ______________________________.

3) ______________________________.

4) ______________________________.

H2 **488** Beschrifte die Seiten und Eckpunkte im Trapez.

zB

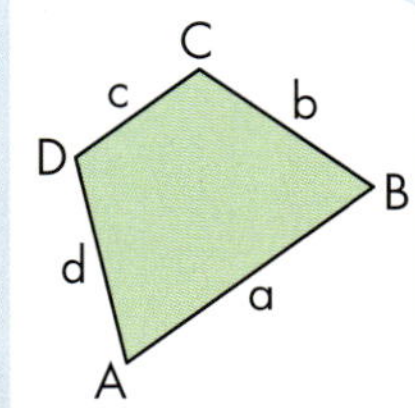

a)

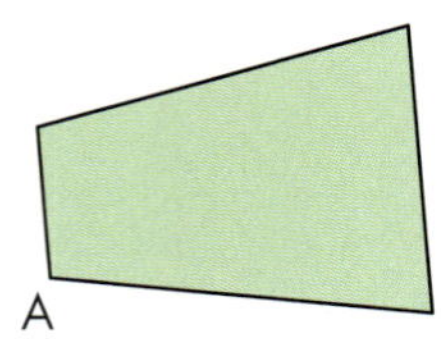

b)

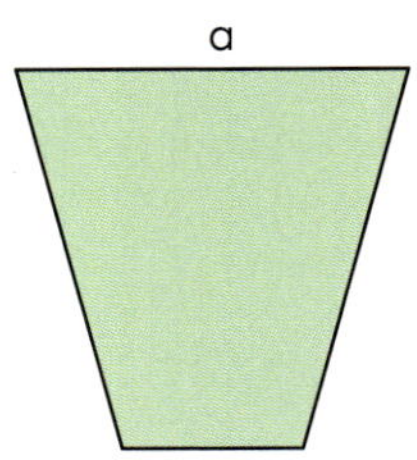

c)

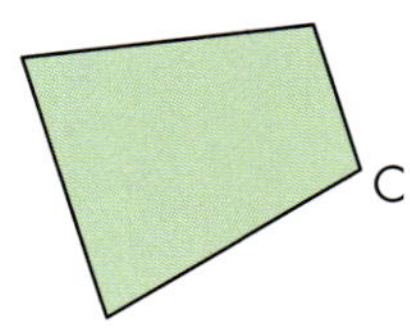

H2 **489** Zeichne das Trapez in ein Koordinatensystem.

a) A(3/0); B(7/0); C(8/7); D(0/7)

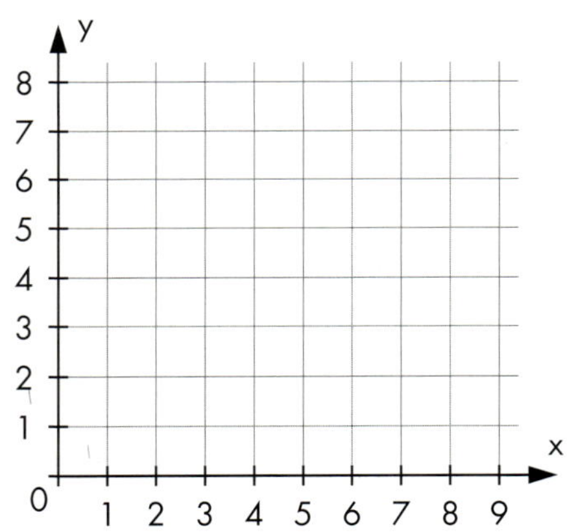

b) A(3/1); B(7/1); C(1/7); D(8/7)

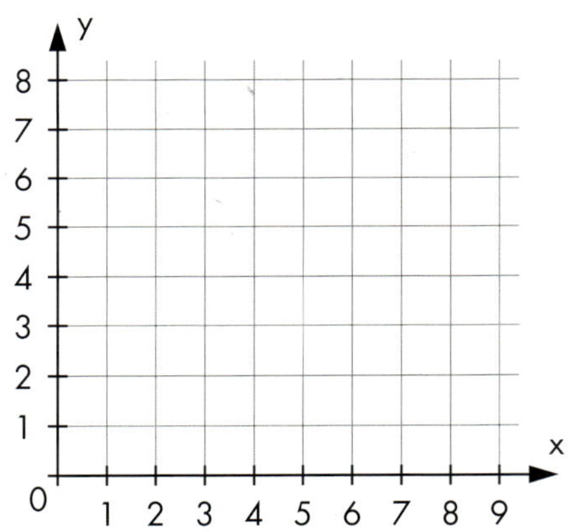

K I3 H2 K1 **490** Wie groß sind die fehlenden Winkel im Trapez?

a) $\alpha = 35°$; $\beta = 72°$; $\gamma =$ ______________; $\delta =$ ______________

b) $\gamma = 110°$; $\alpha = 63°$; $\beta =$ ______________; $\delta =$ ______________

c) $\alpha = \beta = 135°$; $\gamma =$ ______________; $\delta =$ ______________

H2 H3 **491** Fertige die Skizze eines Trapezes an. Welche Aussagen sind richtig? Kreuze sie an.

- ☐ a) Das gleichschenklige Trapez hat eine Symmetrieachse.
- ☐ b) In jedem Trapez sind α und δ zusammen 180°.
- ☐ c) α kann im Trapez ein spitzer Winkel, ein rechter oder stumpfer Winkel sein.
- ☐ d) Die Seite c ist immer kürzer als die Seite a.

H2 **492** Konstruiere das Trapez. Vergiss nicht auf eine beschriftete Skizze.
a = 7,5 cm; b = 4,2 cm; α = 45°; β = 72°

H2 **493** Berechne die fehlenden Winkel im allgemeinen Trapez.

	α	β	γ	δ
zB	*19°*	64°	*116°*	161°
a)	45°	67°		
b)			132°	105°
c)		75°		85°

K I3 H2 H3 K1 **494** Wie viele Trapeze kannst du finden?

Kreuze richtig an.

☐ a) 4 ☐ b) 6 ☐ c) 8 ☐ d) 10

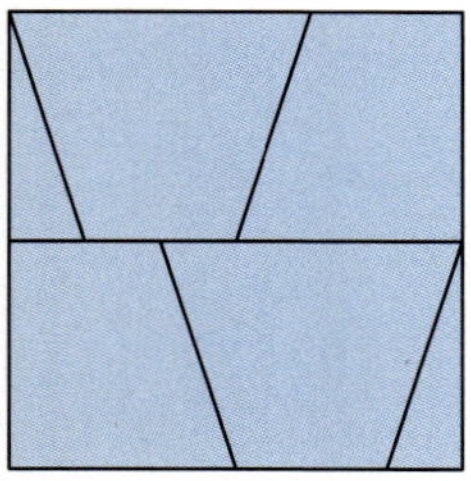

Level 2

H1 **495** Welches Viereck ist ein Deltoid?

a) b) c) d)

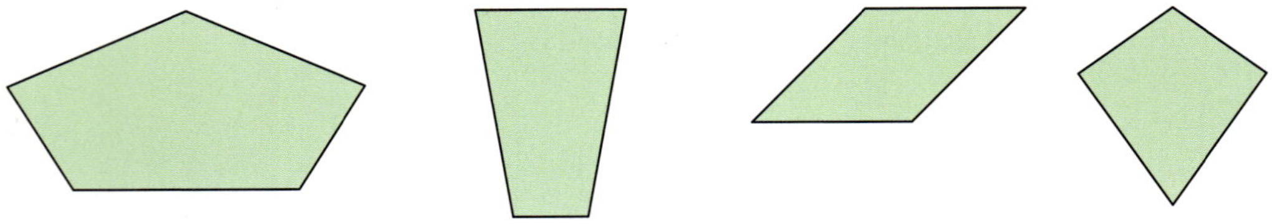

H2 **496** Ergänze die Beschriftung der Ecken, Seiten und Digonalen.

a) b) c) d)

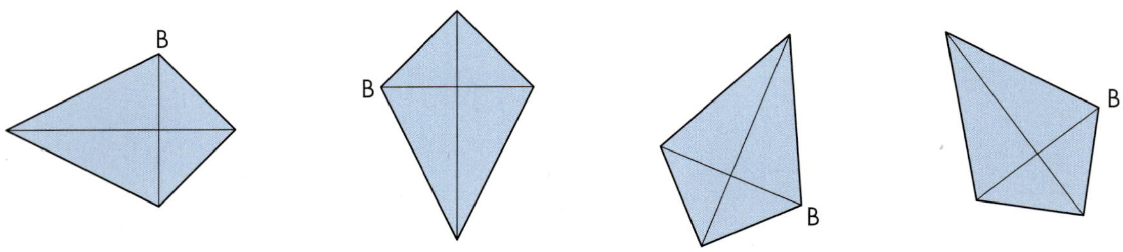

H2 **497** Zeichne zwei beliebige Deltoide und beschrifte sie vollständig.

K **498** Zeichne das angegebene Deltoid und gib die Koordinaten des fehlenden Eckpunktes an. Vergleiche dein Ergebnis mit deiner Sitznachbarin oder deinem Sitznachbarn.

I3 H2 K2

a) A(0/2); B(2/0); C(8/2); D (/)

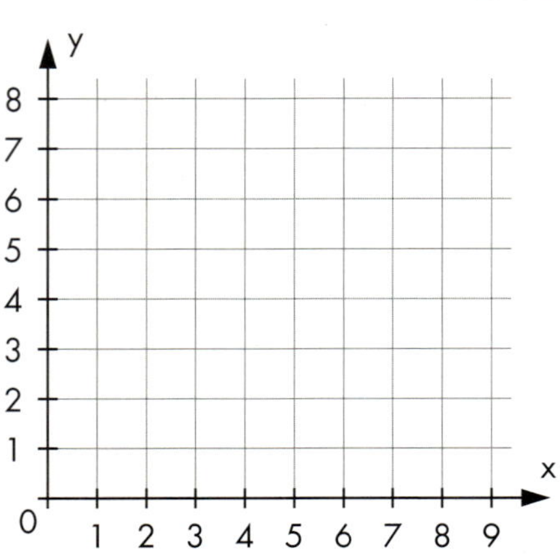

b) A(4/1); B (/); C(4/8); D(2/6)

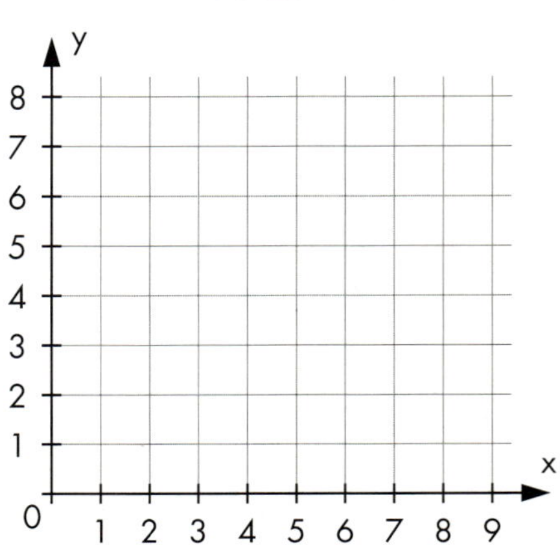

H2 **499** Von jedem Viereck sind die Diagonalen und ein Eckpunkt gezeichnet. Ergänze die Figur, beschrifte und benenne sie.

a)

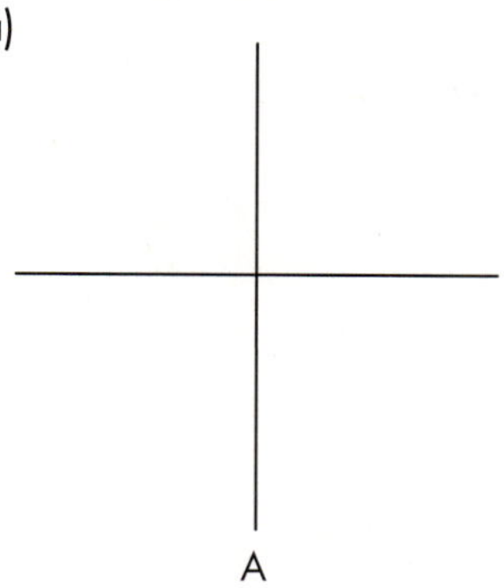

b)

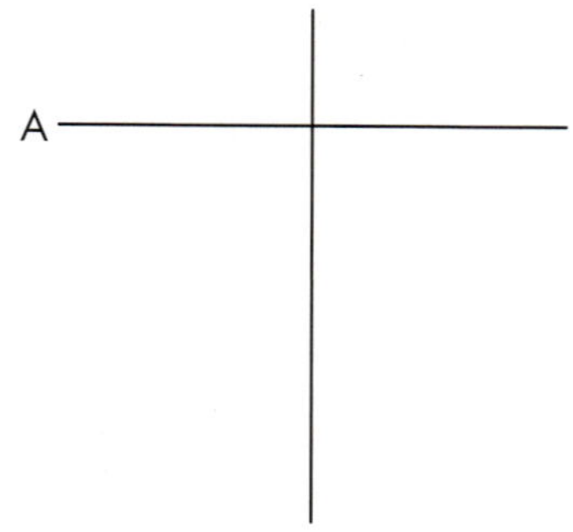

c)

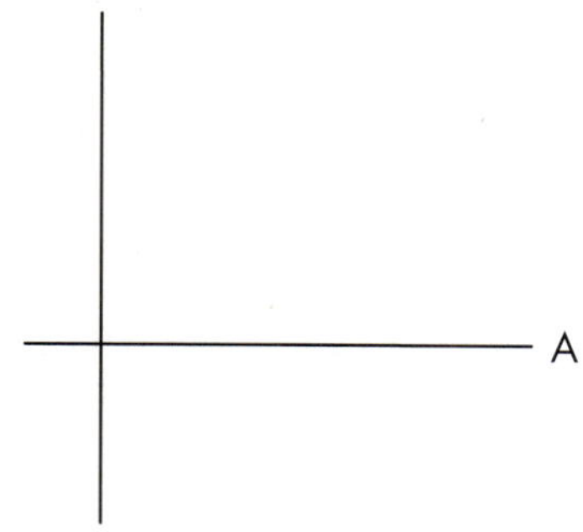

______________ ______________ ______________

H2 **500** Wie groß ist der Umfang?

			Umfangsformel	Umfang
Quadrat	s = 3,6 cm			
Deltoid	a = 5,2 cm	b = 6,3 cm		
Rechteck	a = 3,6 cm	b = 2,4 cm		
Trapez	a = 6,8 cm; c = 4,6 cm	b = d = 4,5 cm		

H2 **501** Konstruiere den Inkreis.

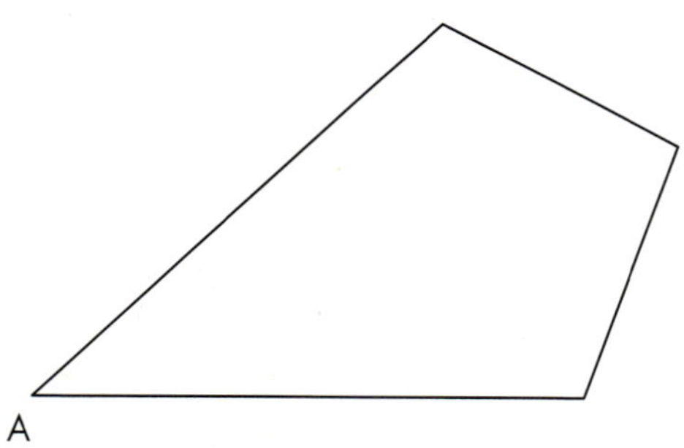

K I3 H3 K2 **502** Welche der Aussagen sind richtig, welche falsch? Kreuze an.
Ist deine Sitznachbarin oder dein Sitznachbar derselben Meinung?

	richtig	falsch
a) Im Deltoid gibt es zwei Paar gleich lange Seiten.	☐	☐
b) Die Raute hat nur gleich große Winkel.	☐	☐
c) Der Winkel α ist im Deltoid immer ein spitzer Winkel.	☐	☐
d) Im gleichschenkligen Trapez sind γ und δ gleich groß.	☐	☐

Level 1

H1 H3 **503** Benenne die Körper:

a) b) c) d) e) f)

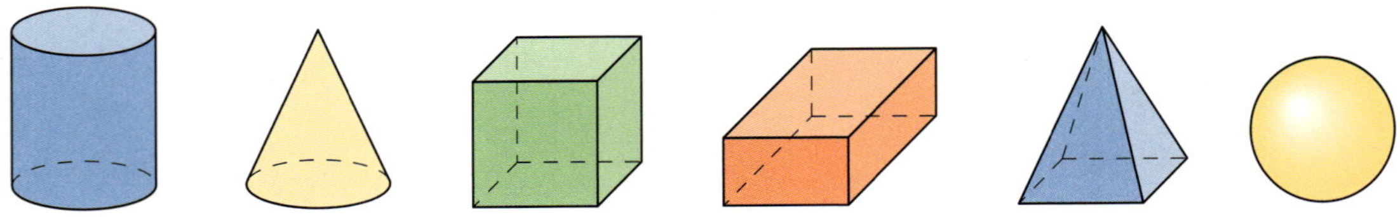

H1 H3 **504** Prismen können verschiedene Grundflächen haben. Benenne das Prisma nach seiner Grundfläche! Verwende die Begriffe: trapezförmig, quadratisch, rechteckig, sechsseitig, dreiseitig,…

a) 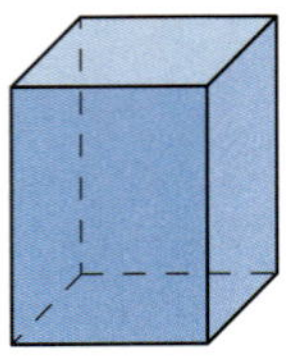 ______

b) 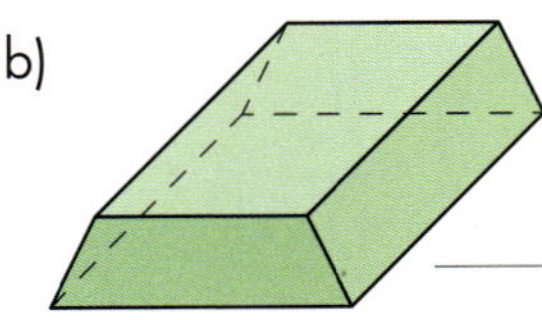 ______

c) ______ 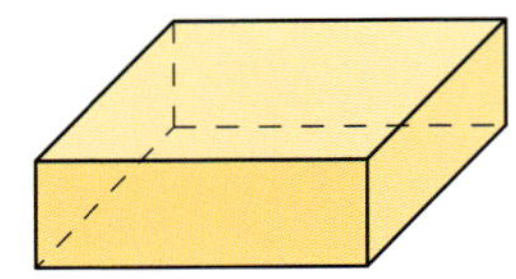

d) ______ 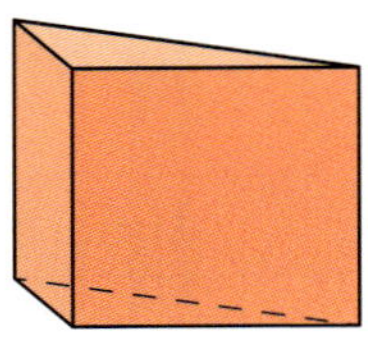

e) 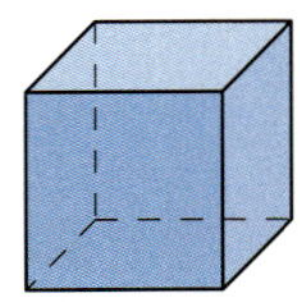 ______

f) ______ 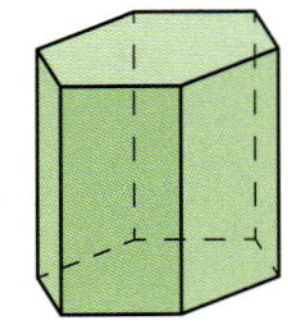

H1 H2 **505** Berechne das Volumen und den Oberflächeninhalt des Würfels: (Erstelle auch eine Skizze)
$a = 7$ cm

zB
$a = 4$ m
$V = 4 \cdot 4 \cdot 4 = 64$ m^3
$O = 6 \cdot 4 \cdot 4 = 96$ m^2

H1 H2 **506** Ordne richtig zu:

a) 7,3 m^3		1	7 030 cm^3
b) 7,03 dm^3		2	7 300 dm^3
c) 70,3 cm^3		3	70 030 cm^3
d) 70,03 dm^3		4	70 300 mm^3

K H1 H3 K1 **507** Ordne die Ansicht richtig zu: links-oben, rechts-unten, links-unten, rechts-oben

a) 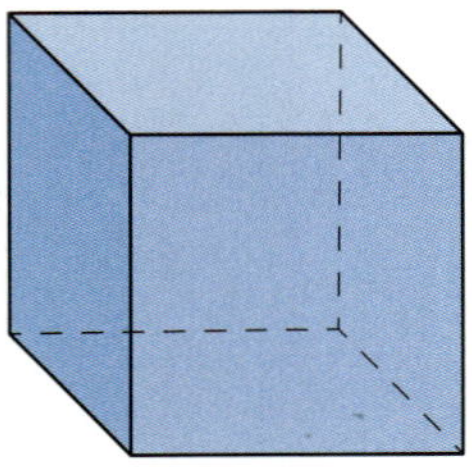 ______

b) 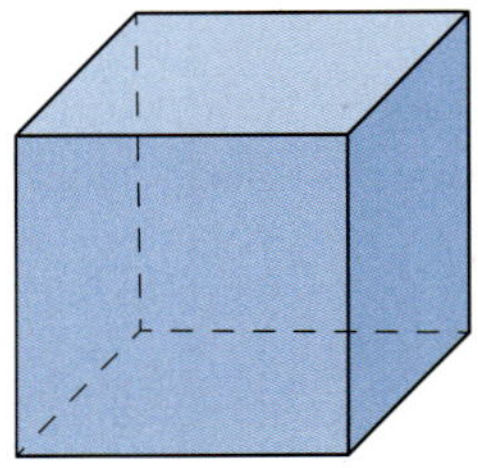 ______

c) 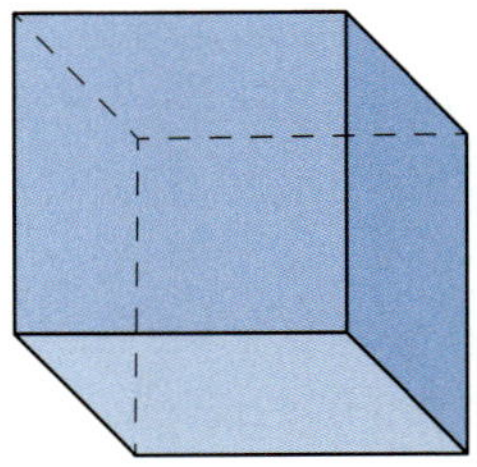 ______

d) 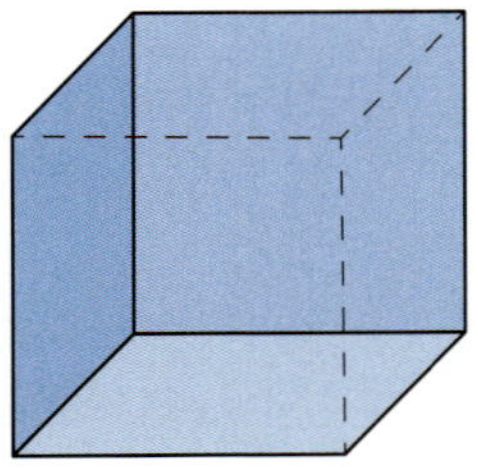 ______

H1 H2 H3 **508** Welcher Körper hat ein größeres Volumen? Schätze, bevor du rechnest:

a) 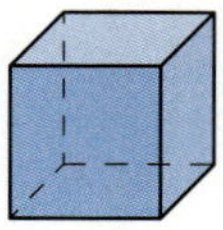 a = 3,5 dm

b) 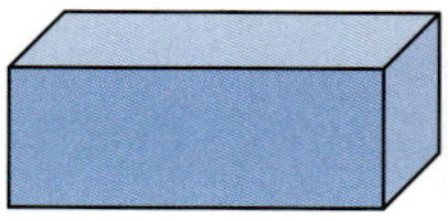 a = 6,2 dm
b = 2,6 dm
h = 2,3 dm

H2 H3 **509** Berechne Volumen und Oberflächeninhalt des Quaders (Formel anschreiben).

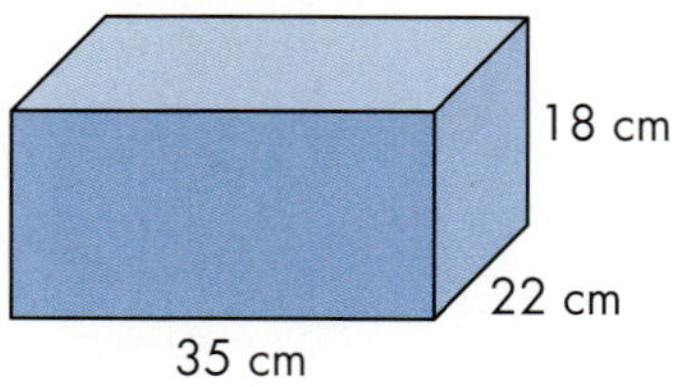

H1 H2 **510** Wandle die Hohlmaße richtig um:

zB 2,7 l = 2 700 cm³

a) 1,5 l = ________ dm³ b) 3,8 l = ________ cm³ c) 45 l = ________ hl

84 l = ________ m³ 120 l = ________ hl 7200 cm³ = ________ l

H1 H2 **511** Hier siehst du das Netz eines dreiseitigen Prismas. Ergänze folgende Aussagen dazu.

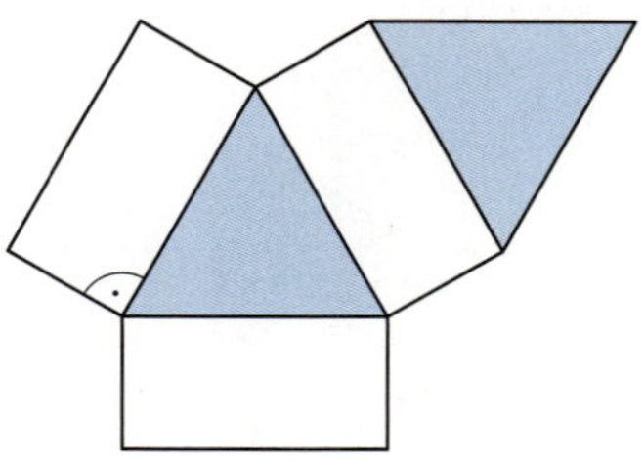

Die blau gefärbten Flächen nennen wir ________ und ________.

Die weißen Rechtecke bilden den ________.

Ein dreiseitiges Prisma hat ____ Ecken, ____ Kanten und ____ Begrenzungsflächen.

K H1 H3 K2 **512** Benenne das Prisma und ergänze die Anzahl der Ecken, Kanten, der ebenen und der gekrümmten Begrenzungsflächen.

a) b) c) d) e) f)

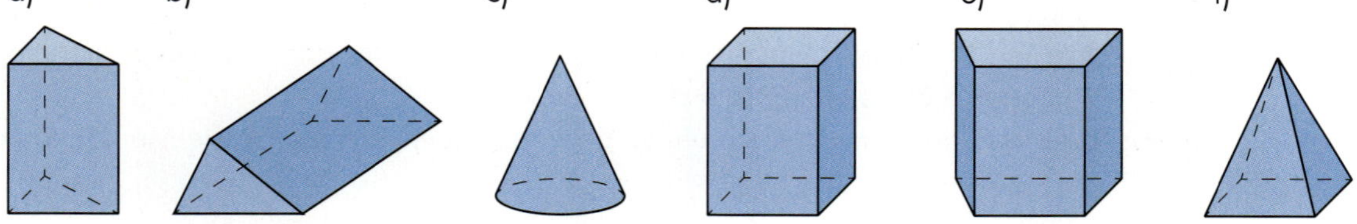

Benennung	Ecken	Kanten	ebene Begrenzungsflächen	gekrümmte Begrenzungsflächen
a)				
b)				
c)				
d)				
e)				
f)				

Level 1

Level 2

H1 H2 **513** Welcher der drei Würfel hat den größten, welcher den kleinsten Oberflächeninhalt?

1 a = 2,7 cm | 2 a = 31 mm | 3 a = 0,32 dm

Würfel ___ hat den kleinsten, Würfel ___ den größten Oberflächeninhalt.

H1 H2 **514** Welcher der drei Quader hat das größte, welcher das kleinste Volumen?

1 a = 42 cm, b = 2,7 dm, h = 0,8 dm

2 a = 18 cm, b = 5,1 dm, h = 9 cm

3 a = 2,8 dm, b = 3,9 dm, h = 23 cm

Quader ___ hat das kleinste, Quader ___ das größte Volumen.

H1 H3 **515** Benenne den Körper, der aus diesem Netz gefaltet werden könnte:

a)

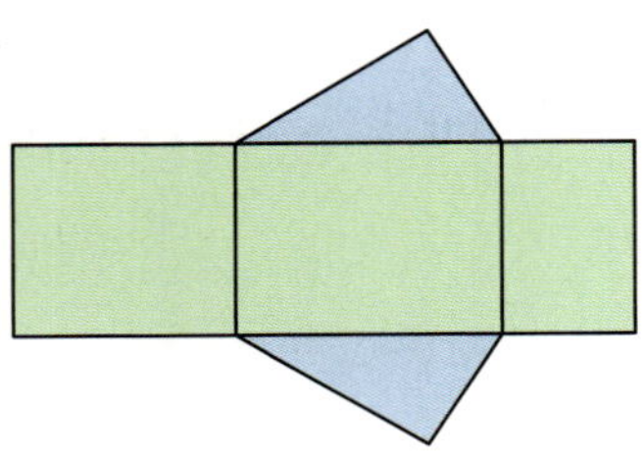

b)

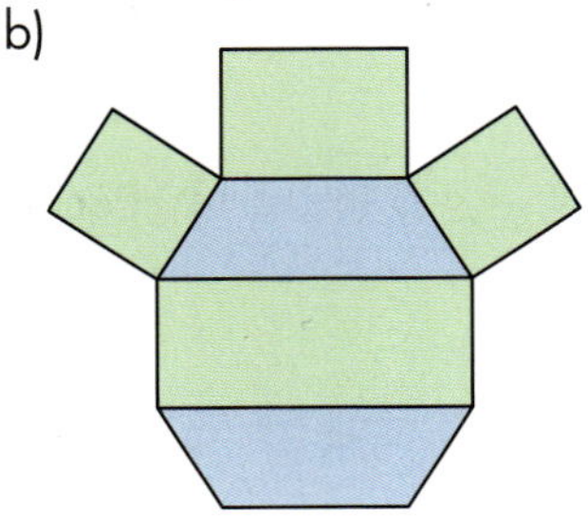

c)

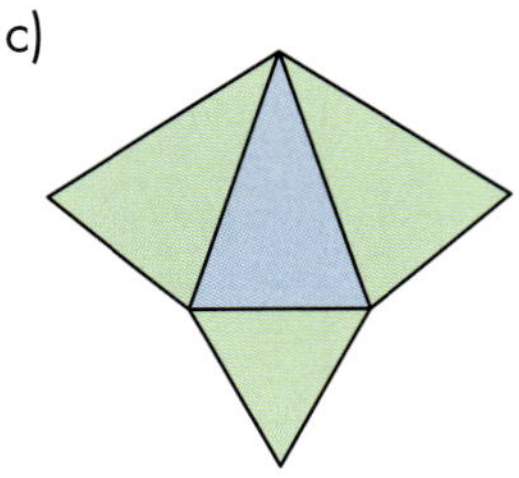

H1 H2 **516** In einem Arbeitsraum sollten 12 m³ Luftvolumen für jeden Beschäftigten zur Verfügung stehen.

a) Berechne, ob das Großraumbüro mit den Maßen (14,5 m Länge, 5,6 m Breite und 3 m Höhe) für 8 Angestellte ausreichend Luftvolumen bietet.

b) Überlege, welche Auswirkungen ein zu geringes Raumvolumen für die Menschen haben könnte.

K H1 H3 K1 **517** Bei geometrischen Körpern sprechen wir von Symmetrieebenen (vergleiche mit den Symmetrieachsen bei ebenen Figuren). Kreuze an.

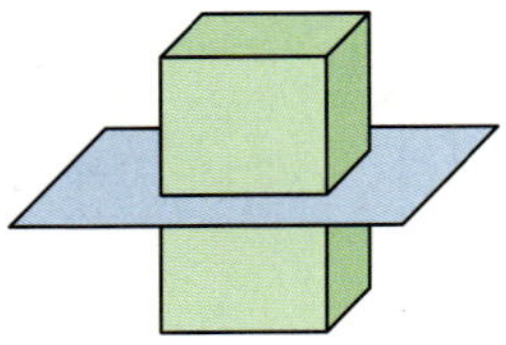

a) Wie viele Symmetrieebenen hat ein Quader?

☐ 1 ☐ 3 ☐ 6 ☐ 9

b) Wie viele Symmetrieebenen hat ein Würfel?

☐ 1 ☐ 3 ☐ 6 ☐ 9

H1 H3 **518** Wie viele Symmetrieebenen findest du für die Körper? Schreib die Anzahl in das Kästchen.

a)

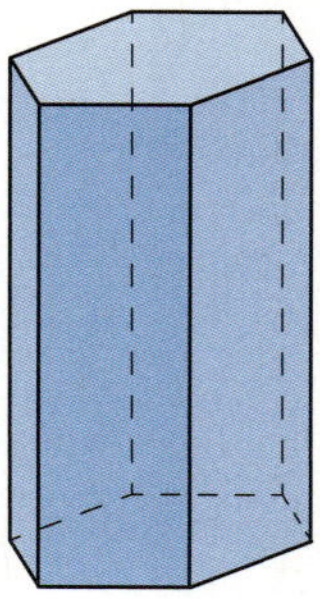

b)

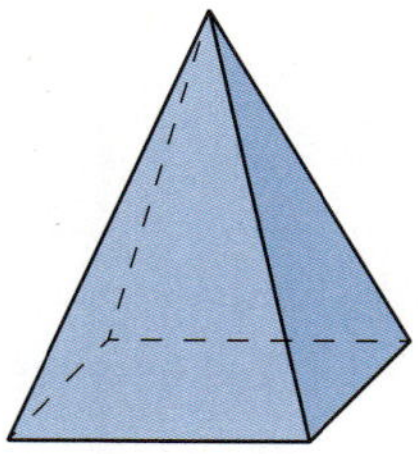

c)

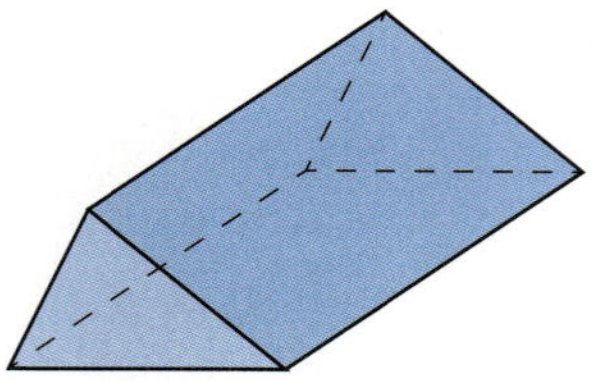

H1 H2 **519** Das Becken eines Freibads fasst 150 000 Liter Wasser.

a) Berechne die Wassertiefe, wenn das Becken 12 m lang und 5 m breit ist?

b) Wie lang dauert die Befüllung des Beckens, wenn pro Minute 0,5 hl Wasser zugepumpt werden?

Fotolia.com/Lucky Dragon

H1 H2 **520** Zeichne das Netz eines dreiseitigen Prismas.
Die Grundfläche ist ein gleichseitiges Dreieck mit 2 cm Seitenlänge und die Körperhöhe h beträgt 1,5 cm.

Level 2

K H1 H2 K1 **521** Ordne die volumengleichen Körper nach ihrer Masse:

1

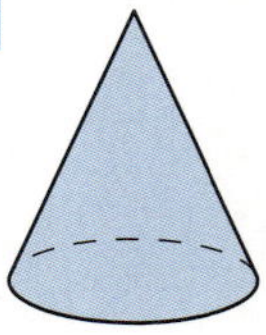

$\rho = 5{,}6\ g/cm^3$

2

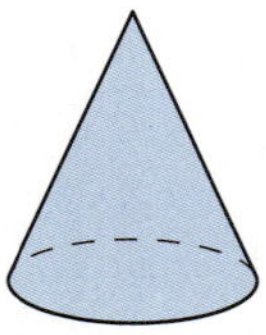

$\rho = 0{,}9\ g/cm^3$

3

$\rho = 2{,}5\ g/cm^3$

Die kleinste Masse hat Körper ___. Die größte Masse hat Körper ___.

H1 H3 **522** Welche Eigenschaften gelten für Prismen? Besprich diese Aufgabe mit deiner Sitznachbarin oder deinem Sitznachbar. Kreuze an.

	richtig	falsch
a) Die Höhe eines quadratischen Prismas ist die kürzeste Verbindung zwischen Grund- und Deckfläche.	☐	☐
b) Alle Seitenkanten eines Prismas müssen gleich lang sein.	☐	☐
c) Die Höhenkanten eines Prismas sind zueinander parallel und gleich lang.	☐	☐
d) Alle Schnittflächen parallel zur Grundfläche sind deckungsgleich.	☐	☐
e) Die Schnittflächen parallel zur Grundfläche können verschieden sein.	☐	☐
f) Grund- und Deckfläche eines Prismas müssen die gleiche geometrische Form haben.	☐	☐

H1 H2 **523** Die Masse eines Körpers ist abhängig vom Material, aus dem dieser besteht.
Berechne drei verschiedene Massen eines Quaders mit folgenden Abmessungen, indem du aus der Tabelle drei unterschiedliche Materialien wählst.

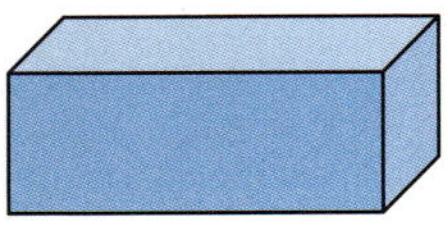

a = 25 cm
b = 12 cm
h = 16 cm

Material	Dichte
Holz	0,7 g/cm³
Styropor	0,04 g/cm³
Eisen	7,85 g/cm³
Gold	19,3 g/cm³
Aluminium	2,7 g/cm³

H1 H3 **524** Im Ruhezustand atmest du mit jedem Atemzug etwa 0,5 Liter Luft ein.
Ein Schulkind hat eine Atemfrequenz von etwa 20 Atemzügen pro Minute.
Bei sportlicher Betätigung erhöht sich diese Frequenz auf 70 Atemzüge pro Minute.
Berechne dein Atemvolumen im Ruhezustand für eine Dauer von 3 Stunden und bei sportlicher Betätigung für eine Dauer von 30 Minuten.

K H1 H2 K2 **525** Ein Tetraeder gehört zu den platonischen Körpern. Sein Oberflächeninhalt besteht aus 4 gleichseitigen Dreiecken. Wie viele Ecken und Kanten hat dieser Körper?
Berechne den Oberflächeninhalt!

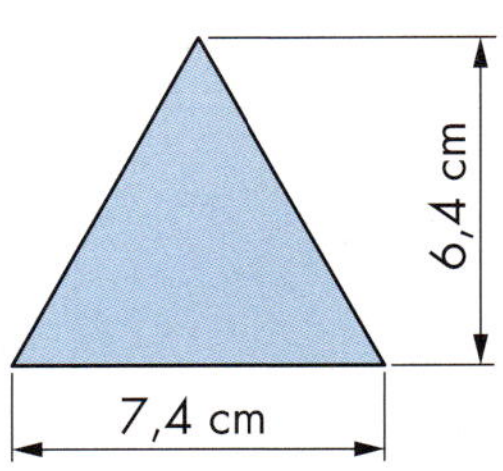

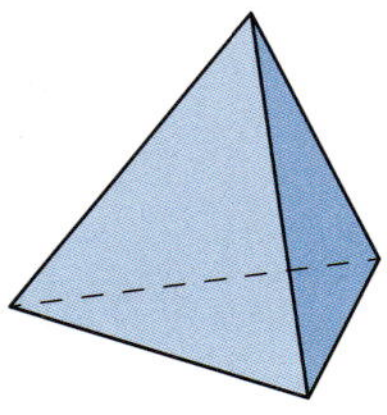

H1 H3 **526** **Platonische Körper**

Platonische Körper sind regelmäßige Polyeder. Sie haben 4, 6, 8, 12 oder 20 gleiche Vielecke als Seitenflächen.

Ihre Bezeichnungen:	
Tetraeder	4 gleichseitige Dreiecke
Hexaeder	Kubus, Würfel
Oktaeder	8 gleichseitige Dreiecke
Ikosaeder	12 Fünfecke
Dodekaeder	20 Dreiecke

Fotolia.com/Dirk Schönau

Level 3

Lernt die Bezeichnungen auswendig! Fragt euch gegenseitig ab.

H1 H2 H3 **527** Welcher Quader hat die kleinste, welcher die größte Masse?

1

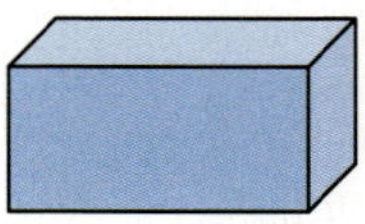

a = 18 cm
b = 9 cm
h = 7 cm
Holz: 0,7 g/cm³

2

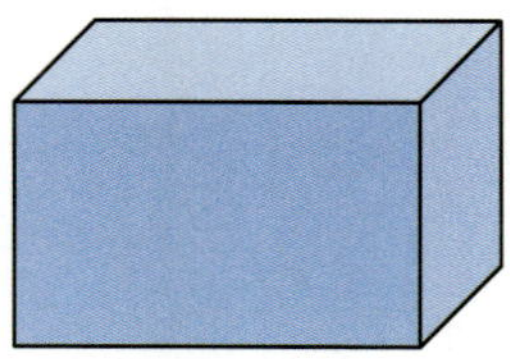

a = 34 cm
b = h = 1,5 dm
Styropor: 0,04 g/cm³

3

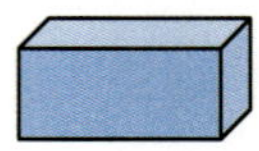

a = 12 cm
b = 6 cm
h = 9 cm
Aluminium: 2,7 g/cm³

Die größte Masse hat Körper ☐ .

Die geringste Masse hat Körper ☐ .

H2 H3 **528** Richtig oder falsch? Kreuze an!

a)

	richtig	falsch
34 l = 3 400 dl	☐	☐
2 500 cm³ = 2,5 dm³	☐	☐
90 hl = 900 l	☐	☐
7,8 dl = 78 ml	☐	☐

b)

	richtig	falsch
5 600 ml = 5,6 l	☐	☐
48 dl = 4,8 l	☐	☐
0,5 hl = 500 l	☐	☐
13 ml = 1,3 cl	☐	☐

K I3 H3 K3 **529** Kreuze an, ob die Aussagen richtig oder falsch sind!

	richtig	falsch
a) Es gibt gerade und schiefe Prismen.	☐	☐
b) Der Oberflächeninhalt eines Prismas kann mit der Formel O = G + M berechnet werden.	☐	☐
c) Das Volumen eines Prismas kann mit der Formel V = G · h berechnet werden.	☐	☐
d) Die Masse eines Prismas kann mit der Formel Masse = Volumen mal Dichte berechnet werden.	☐	☐

Teilbarkeit 1 – Seite 3

1 7: 35, 42, 49, 56 6: 36, 42, 48, 54
12: 36, 48 11: 33, 44, 55
5: 35, 40, 45, 50, 55 15: 45

2 $T_{24} = \{1, 2, 3, 4, 6, 8, 12, 24\}$
$T_{15} = \{1, 3, 5, 15\}$
$T_{18} = \{1, 2, 3, 6, 9, 18\}$
$T_{40} = \{1, 2, 4, 5, 8, 10, 20, 40\}$
$T_{20} = \{1, 2, 4, 5, 10, 20\}$
$T_{32} = \{1, 2, 4, 8, 16, 32\}$

3 $V_4 = \{4, 8, 12, 16, 20, 24, 28\}$
$V_3 = \{3, 6, 9, 12, 15, 18, 21\}$
$V_8 = \{8, 16, 24, 32, 40, 48, 56\}$
$V_9 = \{9, 18, 27, 36, 45, 54, 63\}$

4 1, 2, 3, 4, 6, 12

5 individuell zB 78, 16, 54,... 15, 20, 55,....
33, 60, 39,... 90, 18, 27,...

6 a) 32, 40, 48 b) 45, 54, 63
c) 33, 36, 39 d) 24, 28

7 a) f b) f c) r d) r

8 a) 392, 488, 510 b) 105, 620

9 a) 837, 510 b) 837

10 a) ∤, |, | b) |, ∤, | c) ∤, |, | d) |, ∤, |

11 individuell zB 120, 278,... 100, 650,...
300, 618,... 180, 279,...

12 zB 15 1, 3, 5, 15
24 1, 2, 3, 4, 6, 8, 12, 24
30 1, 2, 3, 5, 6, 10, 15, 30

13 a) f b) r c) f d) f
a) Jede gerade Zahl ist durch 2 teilbar.
c) Jede Zahl, die durch 9 teilbar ist, ist auch durch 3 teilbar.
d) Jede Zahl, deren Ziffernsumme durch 3 teilbar ist, ist durch 3 teilbar.

14 zB 7, 11, 19, 29, 41 Zahlen, die nur durch sich selbst und 1 teilbar sind, nennt man Primzahlen.

15 a) 332, 204, 488 b) 475, 825, 700

16 a) |, ∤, |, |, ∤, ∤, ∤ b) |, |, |, ∤, |, |, ∤
c) |, ∤, ∤, ∤, ∤, ∤, ∤ d) ∤, ∤, ∤, ∤, ∤, ∤, ∤

17 ja, ja 18 ja, ja

19 individuell 600, 324,... 775, 625, ...
600, 900,.... 168, 248,....

20 a) letzte Ziffer nicht 0 oder 5
b) Quersumme 20 ist nicht durch 3 teilbar
c) letzten beiden Stellen nicht 00, 25, 50 oder 75

21 a) zB 327, 354 b) zB 485, 315
c) zB 711, 855 d) zB 528, 174

22 a) |, |, ∤, ∤, |, ∤, ∤ b) ∤, ∤, ∤, ∤, ∤, ∤, ∤
c)|, |, |, |, |, ∤, | d) |, ∤, |, ∤, ∤, ∤, ∤

23 a) f b) r c) r 24 a) 2016, 2020, 2024

25 a) ∤, ∤, ∤, | b) ∤, ∤, ∤, | c) ∤, ∤, ∤, |

26 individuell zB 132, 144,... 165, 180,....
240, 306,... 360, 198,....

27 6: teilbar durch 2 und 3 12: teilbar durch 3 und 4
15: teilbar durch 3 und 5 18: teilbar durch 2 und 9

Dezimalzahlen – Seite 10

28 a) 45,2 b) 11,1 c) 56,2 d) 48,7

29 a) 73,47 b) 96,25 c) 565,251

30 a) 88,76 b) 72,32

31 a) f b) r c) f d) f e) r

32 a) 6,04 m b) 5,928 km c) 26,68 m d) 26,74 m

33 a) 264; 7,6 b) 26 710 ; 9 803 c) 45 900; 8 380

34 a) ·100 b) ·10 c) ·10 d) ·100 e) ·10000

35 a) 60 · 80 b) 200 · 400 c) 1 · 45

36 a)

·	3	5	7	10
1,1	3,3	5,5	7,7	11
1,5	4,5	7,5	10,5	15
0,8	2,4	4	5,6	8

b)

·	0,2	0,3	0,8	0,01
4	0,8	1,2	3,2	0,04
10	2	3	8	0,1
50	10	15	40	0,5

37 b) 38 55,8 kg

39 mindestens 1,95 kg 40 oben 180,1; unten 0,1

41

a)	5,6	7	1	5,3	20,2	1,64
b)	28	35	5	26,5	101	8,2
c)	1,4	1,75	0,25	1,325	5,05	0,41
d)	0,28	0,35	0,05	0,265	1,01	0,082

42 b) 43 Individuelle Lösungen

44 a) 1 532,7 b) 606,72 c) 180,36 d) 7,098
e) 65,109 e) 0,2786

45 a) 115,5 b) x = 11,55 c) x = 0,25 d) x = 92,4
e) x = 12,5

46 b) 47 a) und b)

48 a) f b) f c) r d) r

49 Er kann die Kiste alleine nach Hause tragen, wenn die leere Kiste nicht allzu schwer ist.

50 46,24 ist teilbar durch 2, daher auch durch 0,2 →
46,24 : 0,2 = 231,2

51 a), b) und c) 52 b) und c)

53 a) r b) f c) r d) f

54 a) 0,35 + 0,45 b) 5,55 – 4,75 c) 2,6 : 3,25
d) 7,2 – 6,4

55 alle

Rechtwinkliges Dreieck – Seite 16

56 a) 4,18 cm^2 b) 4,32 cm^2 c) 3,61 cm^2 d) 3,15 cm^2

57 Die längste Seite wird rot markiert.

58 a) 6,25 cm^2 b) 144 mm^2 c) 196 cm^2 = 1,96 dm^2

59 a)22,35 m^2 < 22,53m^2 < 202,13 m^2 < 202,33 m^2
b) 760 m^2 > 6,7 a > 66,6 m^2 > 68,9 dm^2 > 6 809 cm^2

c) 3,4 cm^2 < 34 cm^2 < 4,3 dm^2 < 445 cm^2 < 358 dm^2 < 34,8 m^2

60 a) 12,25 b) 14 c) 6,3 d) 7,8

61 A = 13,50 m^2

62 a) r b) r c) r

63 1 547,75 m^2

64 a) $A = 2 \cdot x \cdot y$ b) $A = 2{,}5 \cdot x \cdot y$ c) $A = 2 \cdot x \cdot y$

65 a) f b) f c) r d) f

66 $A = 2 \cdot a \cdot a$ A = 288 cm^2

67 u = 9,5 cm

68 a) 324 dm^2 < 23,6 m^2 < 6 322 dm^2 < 2,3 a
b) 555 mm^2 < 55,2 cm^2 < 356 cm^2 < 5,33 dm^2

69 Er hat nicht recht. Das Grundstück kostet weniger als 250 000 €.

70 c)

71 Das ist eine gute Idee, weil das Grundstück, das sie haben will, größer ist als ihres.

72 a) $A = \frac{a \cdot b}{2}$ b) $A = \frac{m \cdot n}{2}$ c) $A = \frac{k \cdot o}{2}$ d) $A = \frac{r \cdot t}{2}$

73 a) A = 8,82 cm^2 b) A = 6,08 cm^2

74 a) 14 cm b) 9 cm c) 9,6 cm

75 1/ 24; 2/ 12; 3/ 8; 4/ 6; 6/4; 8/3; 12/2; 24/1

76 4,9 m

77 61,44 cm^2

78 c)

79 Kevin hat recht.

Teilbarkeit 2 – Seite 22

80 a) 11, 13, 17, 19 b) 23, 29, 31, 37
c) 53, 59, 61, 67

81 a) $3 \cdot 5$ $7 \cdot 11$ $2 \cdot 13$ $3 \cdot 13$ $2 \cdot 17$
b) $5 \cdot 7$ $5 \cdot 13$ $5 \cdot 11$ $2 \cdot 19$ $3 \cdot 19$
c) $3 \cdot 7$ $2 \cdot 7$ $13 \cdot 7$ $2 \cdot 31$ $2 \cdot 47$

82 a) $60 = 2 \cdot 2 \cdot 3 \cdot 5$ b) $80 = 2 \cdot 2 \cdot 2 \cdot 2 \cdot 5$
c) $140 = 2 \cdot 2 \cdot 5 \cdot 7$ d) $50 = 2 \cdot 5 \cdot 5$

83 individuell, zB a) 49, 25 b) 6, 15

84 a) 77 b) 1 147

85 a) 12, 36, 135, 175 b) 90, 30, 45, 28
c) 75, 50, 70, 170

86 Es ist eine gerade Zahl. b)

87 a) 8 b) 15 c) 5

88 a) 56 b) 60 c) 180

89 c) 11.15 Uhr

90 a) $2 \cdot 2 \cdot 3 \cdot 3 \cdot 3$ b) $2 \cdot 5 \cdot 5 \cdot 7$
c) $2 \cdot 2 \cdot 2 \cdot 2 \cdot 3 \cdot 5$ d) $2 \cdot 5 \cdot 13$

91 a) 90 b) 105 c) 24 d) 20

92 a) r b) f c) f d) r

93 nach 60 Tagen

94 zB 10 mal 5 kg 5 mal 10 kg
3 mal 15 kg + 1 mal 5 kg

95 Nach 8 Schritten des Vaters

96 zB 3, 5, 7

97 a) b)

98 zB a) 9, 15, 29 b) 17, 29, 11
c) 19, 13, 10 d) 17, 31, 37

99 a) Ja. Mithilfe der Primfaktorenzerlegung kann für beliebig viele Zahlen der größte gemeinsame Teiler ermittelt werden.
b) Ja. Wenn die anderen beiden Zahlen Teiler der dritten Zahl sind, so ist diese Zahl das kleinste gemeinsame Vielfache aller drei Zahlen.
c) Ja. Zahlen, die nur 1 als gemeinsamen Teiler haben, werden als teilerfremd bezeichnet.
d) Nein. Wenn die kleinere Zahl kein Teiler der größeren Zahl ist, so ist die größere Zahl auch nicht das kleinste gemeinsame Vielfache der beiden Zahlen.

100 18 dm x 18 dm

101 Nach 60 min. In der Zwischenzeit ist Lina 6 und Theo 4 Runden gelaufen.

102 a) 18 b) 15

103 a) 770 b) 120

104 $3 \cdot 30 = 6 \cdot 15$

Bruchzahlen 1 – Seite 26

105 a) $\frac{7}{9}$ b) $\frac{5}{8}$ c) $\frac{4}{7}$ d) $\frac{7}{12}$

106 mögliche Lösungen

a)

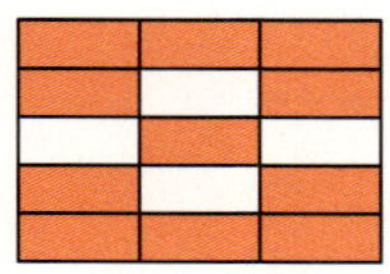

b)

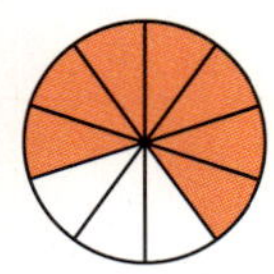

c)

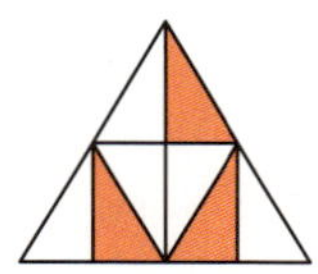

d)

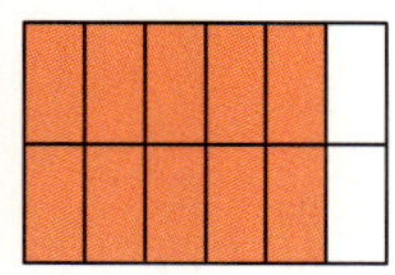

107 a) $1\frac{4}{5}; 2\frac{3}{7}; 2\frac{7}{8}$ b) $1\frac{5}{7}; 3\frac{7}{9}; 4\frac{1}{8}$
c) $5\frac{2}{9}; 7\frac{3}{5}; 5\frac{1}{6}$ d) $6\frac{3}{8}; 7\frac{2}{6}; 6\frac{8}{9}$
Lösungswort: HERVORRAGEND

108 a) $\frac{5}{3}; \frac{17}{8}; \frac{12}{7}$ b) $\frac{22}{9}; \frac{23}{6}; \frac{47}{10}$
c) $\frac{53}{11}; \frac{31}{8}; \frac{37}{6}$ d) $\frac{52}{9}; \frac{43}{12}; \frac{53}{7}$

109 a) 1,2; 0,37; 2,8 b) 2,56; 0,089; 1,07
c) 9,03; 4,1; 2,493 d) 3,05; 0,007; 5,064

110 e) 7,04

111 a) $\frac{12}{21}; \frac{6}{16}$ b) $\frac{24}{20}; \frac{16}{48}$ c) $\frac{20}{45}; \frac{18}{27}$ d) $\frac{49}{28}; \frac{42}{72}$

112 a) $\cdot 4 \rightarrow \frac{8}{20}$ $\cdot 5 \rightarrow \frac{5}{30}$ b) $\cdot 3 \rightarrow \frac{15}{24}$ $\cdot 6 \rightarrow \frac{18}{24}$
c) $\cdot 7 \rightarrow \frac{42}{49}$ $\cdot 7 \rightarrow \frac{35}{63}$ d) $\cdot 9 \rightarrow \frac{27}{72}$ $\cdot 8 \rightarrow \frac{56}{96}$

113 a) $\frac{5}{7}; \frac{5}{8}$ b) $\frac{7}{5}; \frac{2}{7}$ c) $\frac{3}{8}; \frac{4}{9}$ d) $\frac{4}{9}; \frac{6}{13}$

114 a) $:3 \rightarrow \frac{3}{5}$ $:2 \rightarrow \frac{4}{7}$ b) $:5 \rightarrow \frac{7}{9}$ $:4 \rightarrow \frac{3}{8}$
c) $:6 \rightarrow \frac{7}{5}$ $:9 \rightarrow \frac{7}{9}$ d) $:7 \rightarrow \frac{5}{9}$ $:8 \rightarrow \frac{7}{3}$

115 a) $\frac{6}{8} = \frac{3}{4}$ (: 2) b) $\frac{9}{12} = \frac{3}{4}$ (: 3)
c) $\frac{16}{20} = \frac{4}{5}$ (: 4) d) $\frac{21}{28} = \frac{3}{4}$ (: 7)

116 a), b)

117 a) $\frac{7}{10}$ b) $\frac{9}{16}$ c) $\frac{8}{15}$ d) $\frac{13}{24}$

118 mögliche Lösungen

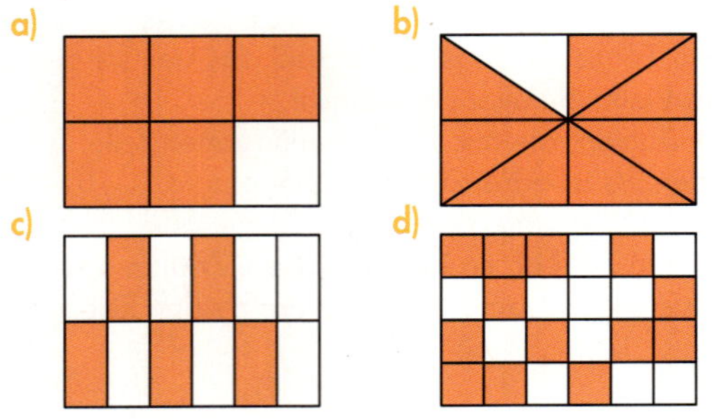

119 d) 240 m; b) 54 km; c) 120 kg; b) 560 €; a) 32 kg; a) 450 mm; b) 15 min

120 a)

b)

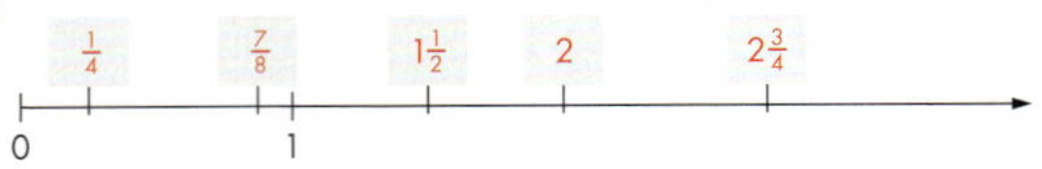

121

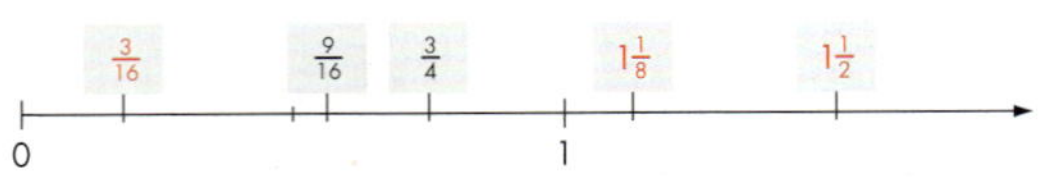

122 a) $\frac{1}{6} = \frac{2}{12}$ $\frac{3}{4} = \frac{9}{12}$ $\frac{3}{10} = \frac{9}{30}$ $\frac{7}{15} = \frac{14}{30}$

b) $\frac{5}{8} = \frac{15}{24}$ $\frac{7}{12} = \frac{14}{24}$ $\frac{5}{6} = \frac{15}{18}$ $\frac{8}{9} = \frac{16}{18}$

c) $\frac{13}{20} = \frac{39}{60}$ $\frac{11}{15} = \frac{44}{60}$ $\frac{7}{16} = \frac{21}{48}$ $\frac{19}{24} = \frac{38}{48}$

123 a) $\frac{2}{3} = \frac{8}{12}$ $\frac{1}{4} = \frac{3}{12}$ $\frac{5}{6} = \frac{10}{12}$

b) $\frac{8}{15} = \frac{32}{60}$ $\frac{7}{20} = \frac{21}{60}$ $\frac{1}{6} = \frac{10}{60}$

c) $\frac{3}{8} = \frac{27}{72}$ $\frac{5}{12} = \frac{30}{72}$ $\frac{8}{9} = \frac{64}{72}$

d) $\frac{11}{12} = \frac{99}{108}$ $\frac{7}{18} = \frac{42}{108}$ $\frac{22}{27} = \frac{88}{108}$

124 a) $\frac{15}{8} = 1\frac{7}{8}$ b) $\frac{28}{8} = \frac{7}{2} = 3\frac{1}{2}$ c) $\frac{18}{8} = \frac{9}{4} = 2\frac{1}{4}$

125 a) $\frac{3}{7}; \frac{2}{5}$ b) $\frac{7}{10}; \frac{5}{8}$ c) $\frac{2}{5}; \frac{2}{3}$ d) $\frac{4}{7}; \frac{7}{8}$

126 a) 150; 320 b) 63; 360
c) 72; 240 d) 45; 105

127 a) $<; >; <; =; <; <$ b) $>; >; =; >; <; =$

128 a) $\frac{3}{12} < \frac{7}{12} < \frac{11}{12} < 1\frac{1}{12} < 1\frac{5}{12}$ b) $\frac{7}{3} > \frac{7}{5} > \frac{7}{8} > \frac{7}{9} > \frac{7}{12}$

129 a) $\frac{5}{6}$ b) $\frac{2}{5}$ c) $\frac{4}{9}$

130 mögliche Lösungen

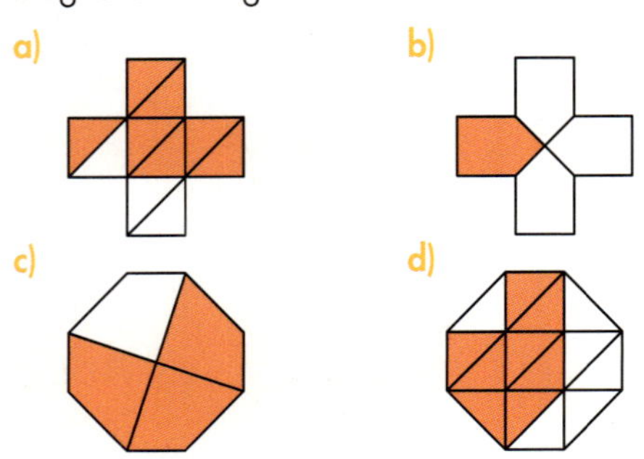

131 a)

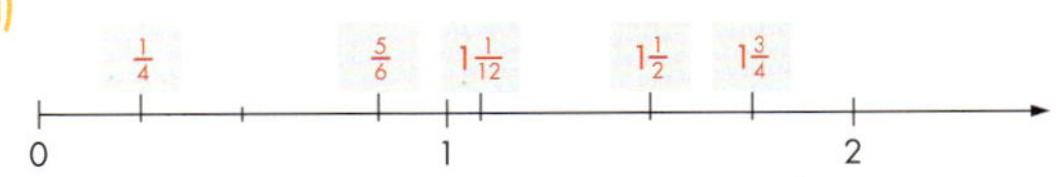

b)

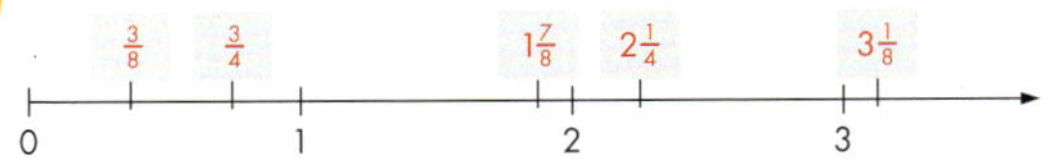

c)

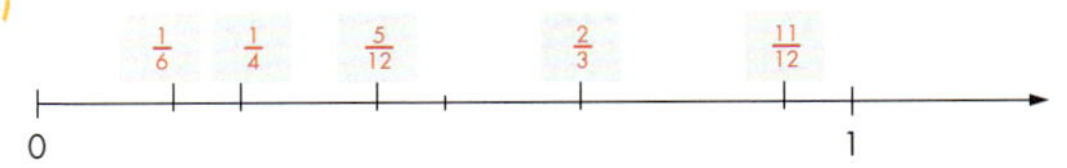

d)

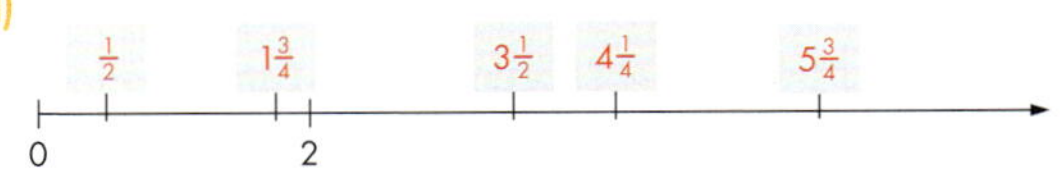

132 a) $=; >; <; >; <; >$ b) $>; <; =; <; >; <$

133 f) $\frac{17}{144}$

134 Die Summe aus den vier unteren Behältern muss 3 600 Liter ergeben. 1 250 + 650 + 950 + 750 = 3 600

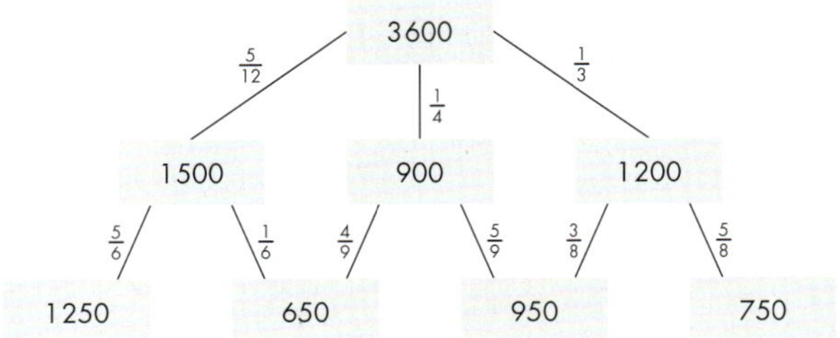

135 a) 72 €; 640 m b) 91 min; 135 g
c) 108 cm; 104 t

136 EASY; GREAT; WONDERFUL; GENIAL

137 a) $\frac{5}{6} > \frac{3}{4} > \frac{3}{8} > \frac{1}{3}$

$\frac{20}{24} > \frac{18}{24} > \frac{9}{24} > \frac{8}{24}$

b) $\frac{11}{12} > \frac{7}{8} > \frac{13}{15} > \frac{17}{20} > \frac{5}{6}$

$\frac{110}{120} > \frac{105}{120} > \frac{104}{120} > \frac{102}{120} > \frac{100}{120}$

c) $\frac{31}{36} > \frac{15}{18} > \frac{13}{16} > \frac{19}{24} > \frac{7}{9}$

$\frac{124}{144} > \frac{120}{144} > \frac{117}{144} > \frac{114}{144} > \frac{112}{144}$

138 mögliche Lösungen

a) $\frac{1}{2} < \frac{13}{24} < \frac{14}{24} < \frac{5}{8}$ b) $\frac{3}{4} < \frac{37}{48} < \frac{38}{48} < \frac{39}{48} < \frac{5}{6}$

c) $\frac{2}{7} < \frac{19}{63} < \frac{20}{63} < \frac{1}{3}$ d) $\frac{8}{9} < \frac{321}{360} < \frac{322}{360} < \frac{323}{360} < \frac{9}{10}$

Koordinatensystem – Seite 32

Alle Zeichnungen sind verkleinert dargestellt.

139 a) A (0/7); B (2/2); C (9/0); D (8/4); E (6/6); F (5/8)
b) R (2/5); S (10/8); T (6/1); U (0/0); V (7/9); W (3/10)

140 (1/0); (1/8); (4/5); (4/9); (9/9); (6/7); (6/2); (2/2); (2/0)

141

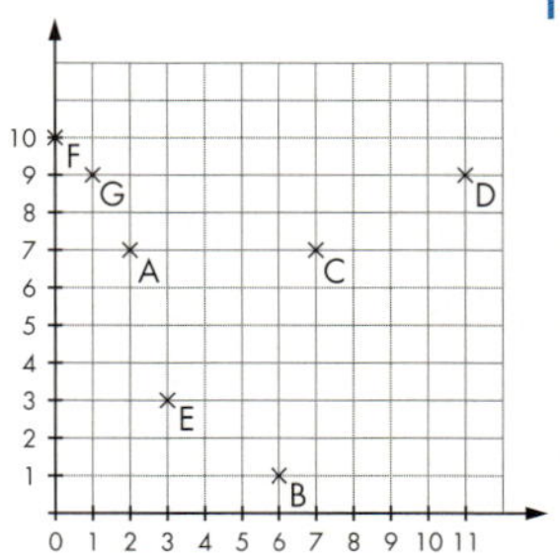

142

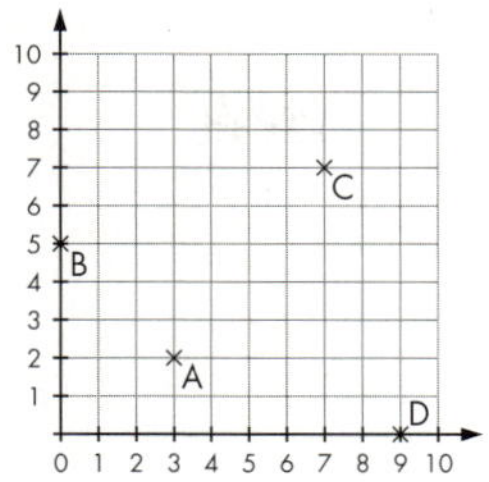

143

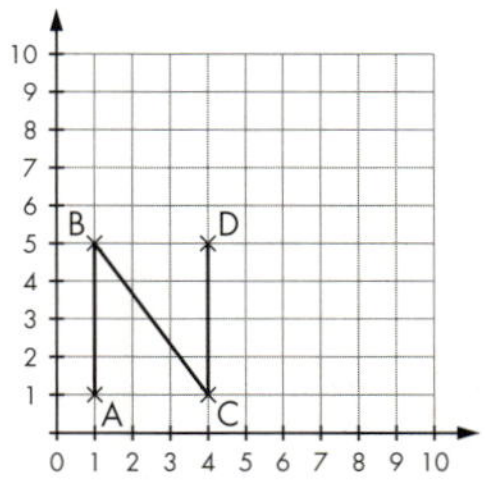

144

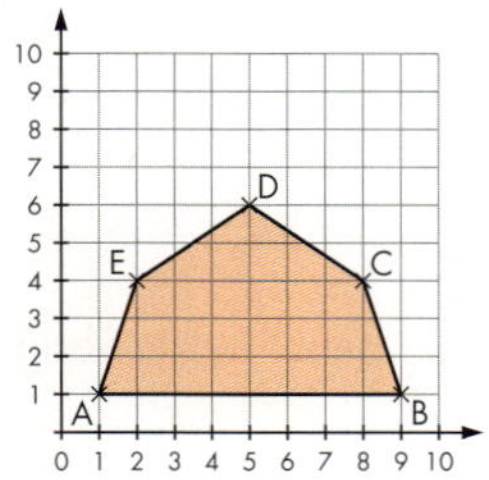

Den Buchstaben „N".

145 D (1/ 4)

146 B (7/0) und D (0/5)

147 zB (3/4) oder (3/5). Die x-Koordinate muss in jedem Fall 3 betragen!

148 C (6/6) und D (2/6)

149 (4/3); (2/3); (2/1) und (4/1)

150 B (7/2); C (7/7) und D (2/7)

151 (2/7)

152 (2,1/4) und (7,8 / 1,4)

153

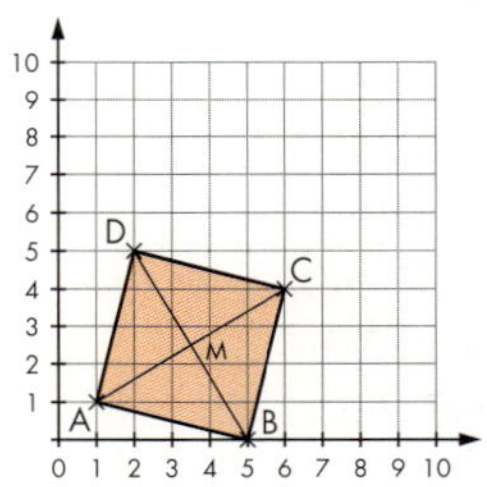

C (6/4), D (2/5)

154

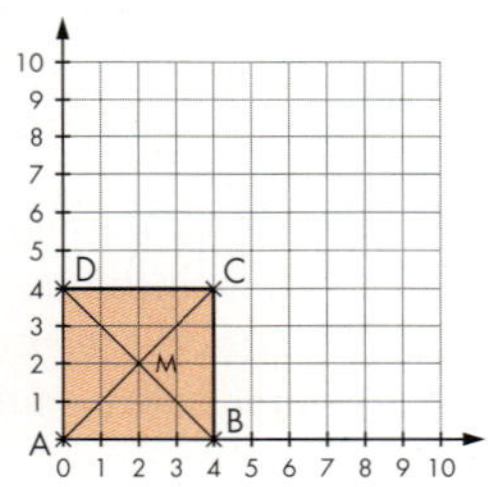

155

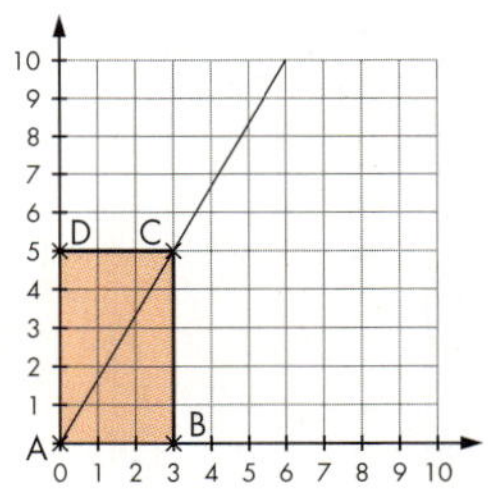

156 c)

Bruchzahlen 2 – Seite 38

157 a) 0,09; 3,1; 18,24; 2,002
b) 0,25; 2,7; 12,04; 24,067
c) 4,02; 3,7; 19,35; 5,347

158 a) 0,4; 0,375; 9,75; 5,5
b) 3,5; 0,28; 7,14; 0,005
c) 0,032; 1,9; 2,568; 0,875

159 $\frac{3}{8} \rightarrow 0{,}375$ $\frac{2}{5} \rightarrow 0{,}4$
$\frac{3}{50} \rightarrow 0{,}06$ $\frac{17}{25} \rightarrow 0{,}68$
$\frac{12}{125} \rightarrow 0{,}096$

160 endlich: a) c) und e) periodisch: b) und d)

161 b) <

162 8 h < 8 z

163 a) 3,75; 2,4 b) 1,6; 2,4
c) 4, 125; 15,625 d) 9,25; 5,16

164 Rein p.: Alle Ziffern der Dezimalstellen wiederholen sich.
Gemischt p.: Nicht alle Dezimalstellen wiederholen sich.

165

		Kurzform	rein periodisch	gemischt periodisch
a)	1,333....	$1,\dot{3}$	x	
b)	0,343434....	$0,\dot{3}\dot{4}$	x	
c)	0,0277......	$0,02\dot{7}$		x
d)	0,363363363...	$0,\dot{3}\dot{6}\dot{3}$	x	
e)	1,7999999....	$1,7\dot{9}$		x

166 a) 0,73; 0,24 b) 1,56; 2,07
c) 0,06; 0,25 d) 0,33; 2,01

167 a)

168 PASS

169 a) >; = b) = ; > c) >; = d) <; > e) <; > f) <; =

170 $\frac{15}{4}$

171 a), c), d)

172 Individuelle Lösungen

173 $0{,}066 < \frac{17}{250} < \frac{13}{50} < 0{,}45 < 0{,}6 < \frac{7}{8} < \frac{124}{100} < \frac{12}{8} < 1{,}585 < 3\,\frac{11}{13}$

174 a) $0,6\dot{3}$; 2,94 b) 0,98; 20,1
c) 0,81; 5,78 d) $1,90\dot{6}$; 10,0

Winkel – Seite 42

Alle Zeichnungen sind verkleinert dargestellt.

175 Spitzer Winkel: 26°; 71°; 9°; 89°
Stumpfer Winkel: 114°; 165°
Erhabener Winkel: 273°; 308°; 182°

176 a) 90°; rechter Winkel b) 240°; erhabener Winkel
c) 60°; spitzer Winkel d) 135°; stumpfer Winkel

177 $\beta > \varepsilon > \alpha > \delta > \gamma$
$\alpha = 72°$; $\beta = 81°$; $\gamma = 62°$; $\delta = 68°$; $\varepsilon = 77°$

178 a) $\alpha = 53°$ b) $\beta = 18°$ c) $\gamma = 74°$ d) $\delta = 41°$

179 Spitzer Winkel: 3; 6; 11 Rechter Winkel: 9
Stumpfer Winkel: 1; 5; 7 Gestreckter Winkel: 4
Erhabener Winkel: 2; 10; 12 Voller Winkel: 8

Winkel	1	2	3	4	5	6	7	8	9	10	11	12
Größe	133°	321°	67°	180°	96°	25°	152°	360°	90°	259°	81°	194°

180 Parallelwinkel: c); d)

181 a)

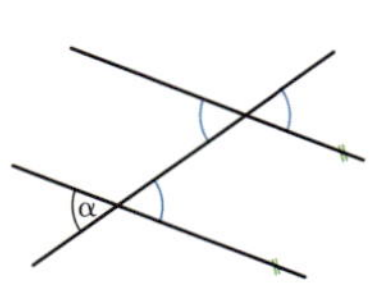

b)

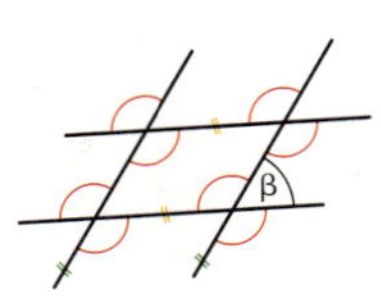

c)

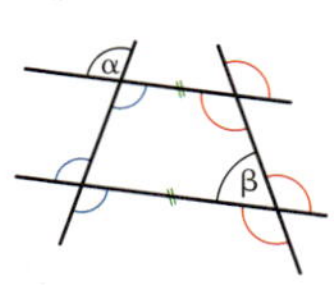

182 a) b) c)

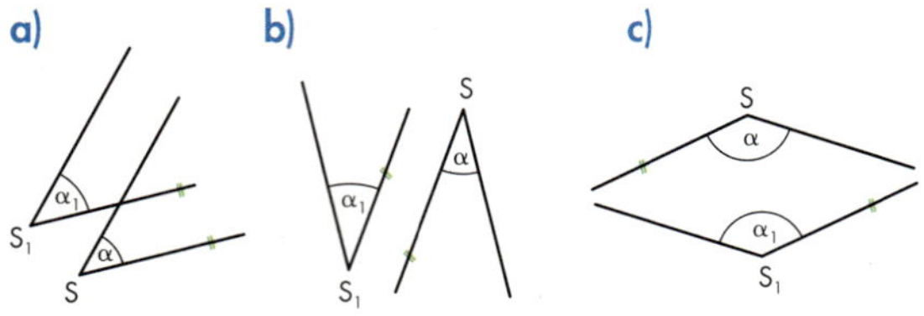

183 a) $\alpha = 122°$; $\beta = 58°$; $\gamma = 302°$; $\delta = 58°$
b) $\alpha = 107°$; $\beta = 73°$; $\gamma = 54°$; $\delta = 126°$

184 mögliche Lösungen
a) b)

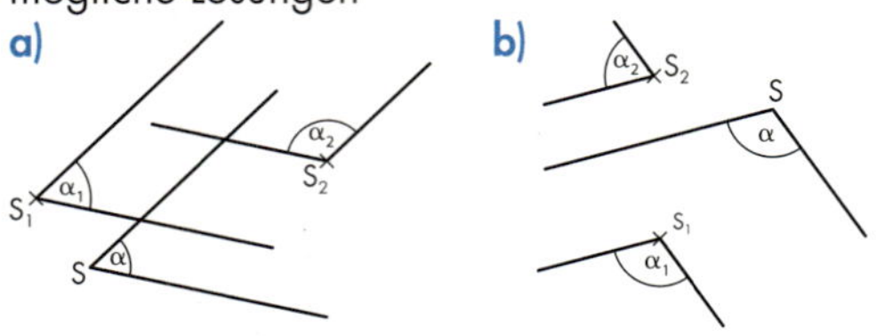

185 a) f b) r c) r d) r e) f

186 a) 138° b) 582° c) 2° d) 76°

187 mögliche Lösungen
a) b)

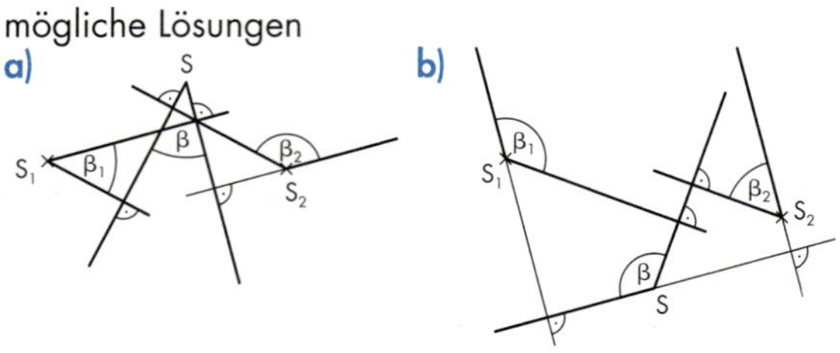

188 a) $\alpha = 77°$ b) $\alpha = 64°$ c) $\alpha = 26°$

189 a) $\alpha = 67°$ b) $\alpha = 65°$

Bruchzahlen 3 – Seite 46

190 a) $1\frac{1}{7}$; $\frac{8}{9}$ b) $\frac{7}{8}$; 1 c) $1\frac{4}{5}$; $2\frac{1}{4}$ d) 1; $\frac{3}{5}$

191 a) $\frac{1}{7}$; $\frac{1}{9}$ b) $\frac{5}{8}$; $\frac{5}{6}$ c) $1\frac{2}{5}$; 1 d) $\frac{1}{3}$; $\frac{1}{5}$

192 $\frac{2}{3}$; 1; $\frac{5}{6}$; $1\frac{1}{6}$; $\frac{1}{2}$

193 a) 4; 7 b) 5; 3 c) 5; 7 d) 8; 8

194 a) $2\frac{1}{9}$; 4 b) $1\frac{3}{11}$; $1\frac{2}{5}$

195 a) $2\frac{2}{7}$ b) $\frac{5}{15}$ **196** a) c)

197 a) $\frac{10}{4}$ $\frac{3}{4}$ b) $\frac{9}{15}$ $\frac{7}{15}$

198 a) $3\frac{1}{4}$ b) $1\frac{1}{15}$ c) $1\frac{3}{4}$ d) $\frac{2}{15}$

199 Sie benötigt $1\frac{1}{4}$ Liter Flüssigkeit.

200 a) $2\frac{1}{7}$; $1\frac{1}{9}$ b) $2\frac{7}{8}$; $1\frac{5}{6}$ c) $2\frac{4}{5}$; 0 d) 3; $1\frac{1}{5}$

201 a) $4\frac{1}{2}$; $1\frac{7}{9}$ b) 4; $2\frac{2}{3}$ c) $1\frac{1}{2}$; $1\frac{4}{5}$

202 a) $1\frac{1}{2}$; $1\frac{5}{9}$ b) $1\frac{5}{7}$; $2\frac{1}{3}$ c) $1\frac{1}{8}$; $1\frac{4}{5}$

203 a) b) c) **204** a) $\frac{20}{28}$; $\frac{21}{28}$ b) $\frac{24}{40}$; $\frac{25}{40}$

205

	2	3	4	5	6	7
3	6	3	12	15	6	21
5	10	15	20	5	30	35
12	12	12	12	60	12	84
15	30	15	60	15	30	105
18	18	18	36	90	18	126

206 a) $1\frac{19}{40}$ b) $1\frac{1}{28}$

207 a) f b) r c) f d) r

208 a) $\frac{17}{40}$ b) $\frac{13}{28}$

209 a) $x = 1\frac{3}{14}$ b) $x = \frac{3}{8}$ c) $x = 1\frac{1}{12}$

210 b)

211 Man könnte 1, 2, 3, 4, 6, 8, 12, 24 Kinder beschenken ohne ein Stückchen Rest.

212 $u = 1\frac{3}{5}$ m

213 a) $\frac{2}{7}$; 1 $\frac{4}{9}$; 4 $\frac{2}{3}$; 5
b) $\frac{5}{7}$; 3 $\frac{1}{6}$; 2 $\frac{4}{9}$; 2
c) $\frac{6}{7}$; 5 $\frac{5}{8}$; 1 $\frac{3}{4}$; 2

214 Es bleibt nichts übrig. **215** a) $1\frac{2}{3}$ b) $\frac{9}{11}$

216 a) d)

217 Mehrere Lösungen möglich.

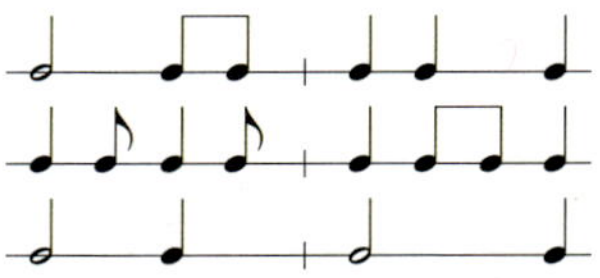

218 120 kg **219** 520 €

220 b) **221** b)

222 10 cm **223** $2\frac{1}{2}$ min

224 a) f; f. Richtig: $\frac{3}{5} + \frac{2}{5} = \frac{5}{5}$; $\frac{5}{7} - \frac{4}{7} = \frac{1}{7}$ b) r; r

225 $\frac{6}{6}$ 3 Stammbrüche werden addiert, Ergebnis 1 Ganzes

226 a) $1\frac{5}{8}$ b) $9\frac{1}{8}$

227
1. gemeinsamen Nenner suchen
2. auf gemeinsamen Nenner erweitern
3. Zähler addieren oder subtrahieren
4. Nenner belassen und kürzen

Kongruenz und Symmetrie – Seite 52

Alle Abbildungen sind verkleinert dargestellt.

228 a) b)

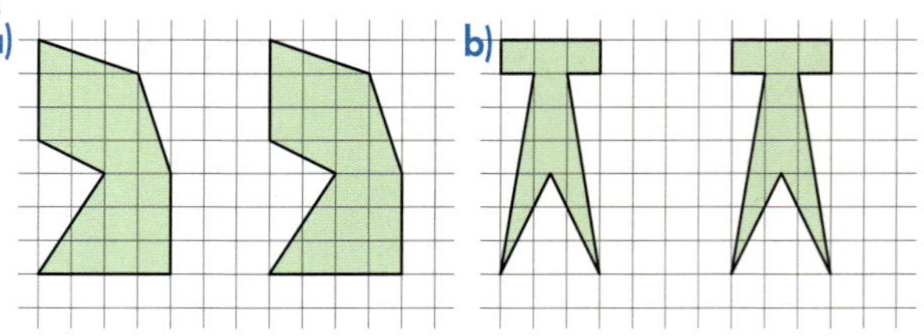

229 Verschiedene Lösungen

230 Nein! Der linke Stern hat 11 Zacken, der rechte nur 10.

231 a) b)

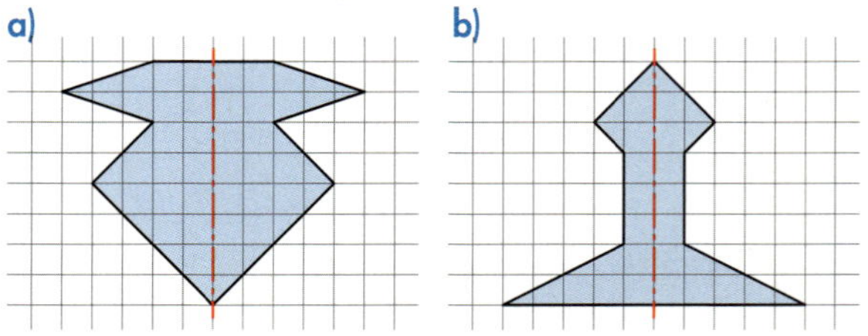

232 Es ist ungefähr 7.51 Uhr.

233 b)

234 a)

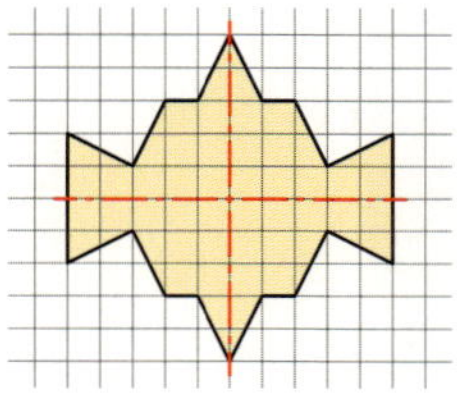

b)

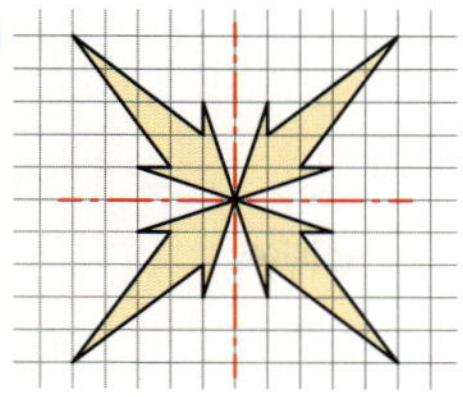

235

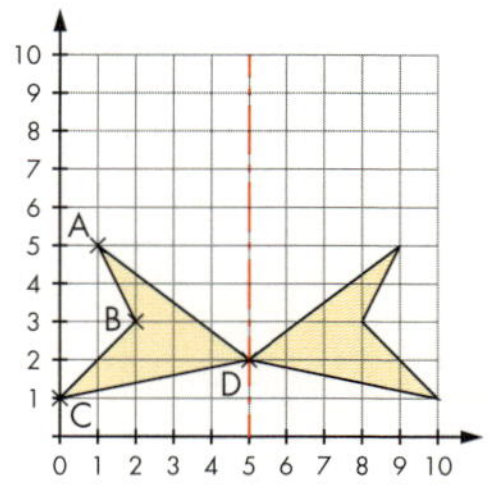

236 Das Kleeblatt hat 4 Symmetrieachsen. Allerdings ist die Kongruenz hier nicht perfekt. Es gibt geringe Abweichungen.

237

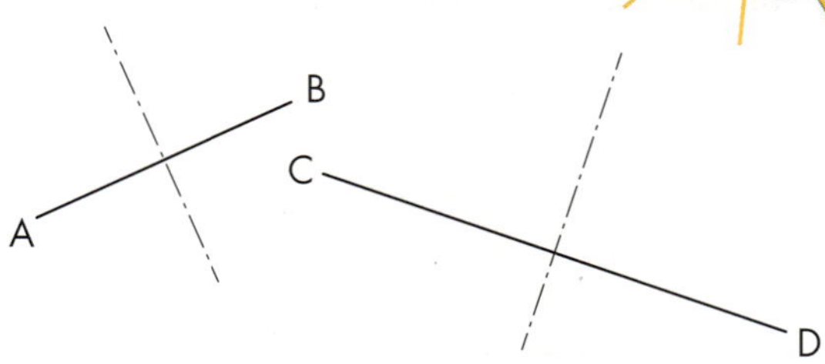

238

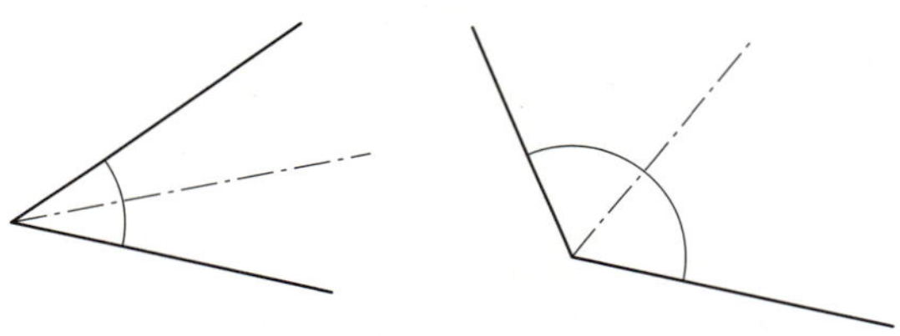

239 H (3,5/3,5)

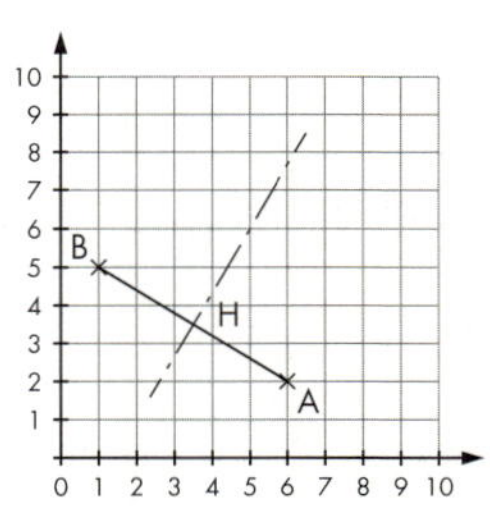

Bruchzahlen 4 – Seite 56

240 a) $\frac{5}{12}$ b) $\frac{8}{15}$ c) $\frac{10}{21}$

241 a) $1\frac{2}{3}$ b) $\frac{5}{6}$ c) $1\frac{1}{14}$

242 a) $1\frac{7}{8}$; $3\frac{1}{3}$ b) $\frac{10}{63}$; $\frac{18}{35}$ c) $\frac{7}{16}$; $\frac{25}{28}$

243 Produkt: $\frac{21}{40}$; Quotient: $\frac{24}{35}$

244 a) $1\frac{1}{35}$; $\frac{2}{3}$ b) $5\frac{1}{4}$; $1\frac{9}{10}$ c) $4\frac{4}{5}$; $\frac{3}{14}$ d) 8 ; 2

245 60 Viertel = 20 Dreivierteltakte

246 Multiplikation: Zähler x Zähler Nenner x Nenner
Division: mit dem Kehrwert des Divisors multiplizieren

247 $A = 6\frac{19}{25}$ dm² $u = 10\frac{2}{5}$ dm

248 $A = \frac{25}{32}$ m² $u = 3\frac{3}{4}$ m

249 a) $\frac{19}{20}$ b) $\frac{5}{12}$

250 a) $7\frac{1}{2}$ b) $4\frac{1}{3}$ c) $\frac{11}{15}$

251 a) $\frac{9}{10}$ b) $\frac{25}{48}$ c) $\frac{5}{9}$

252 Die Summe der beiden Zahlen ist größer.

253 54 m³

254 $1\frac{3}{5}$; KLAPUSTRI Regeln beachten!

255 a) b) d) **256** a) 2 b) $4\frac{8}{9}$

257 Vorrangregeln: Klammern zuerst, dann Punkt- vor Strichrechnung. a) $1\frac{35}{47}$ b) $6\frac{1}{5}$

258 Die Differenz ist kleiner. **259** b) 8 Stück

260 a) $\frac{25}{56}$ b) 7

261 a) 269 b) $5\frac{3}{5}$

262 Anna 40 Punkte, Niklas 25 Punkte, Valentina 28 Punkte

263 a) 33 m b) $5\frac{1}{2}$ m/s **264** a) $3\frac{1}{12}$ b) $5\frac{13}{48}$

265 a) $\frac{41}{150}$ b) $\frac{25}{31}$ **266** $10\frac{1}{8}$ Liter

267 $V = \frac{27}{64}$ m³ $O = 3\frac{3}{8}$ m² **268** $V = \frac{8}{125}$ m³ $O = \frac{24}{25}$ m²

269 a) f b) r c) f d) f

270 $V = \frac{3}{32}$ m³ $O = 1\frac{3}{8}$ m²

271 a) $\frac{9}{10}$; Vom Divisor wurde nicht der Kehrwert gebildet.
b) $4\frac{1}{3}$; Vorm Mutliplizieren müssen die Faktoren in unechte Brüche verwandelt werden.

272 a) $\frac{5}{7}$ b) $6\frac{1}{4}$

273 c) 2 500 Schritte **274** a)

Gleichungen – Seite 62

275 a) 8 b) 42 c) 23 d) 7 e) 32

276 a) 38 b) 126 c) 94 d) 73 e) 12 f) 84

277 a) 2,4 b) 36 c) 1,7 d) 11,9 e) 8 f) 20,4

278 a) $\frac{1}{6}$ b) $\frac{3}{20}$ c) $\frac{13}{15}$ d) $1\frac{7}{15}$ e) $2\frac{1}{2}$ f) $\frac{1}{3}$

279 a) $a = (17 + c - b) : 2$ $b = 17 + c - 2a$
b) $g = 23 + f - 16$ $f = g + 16 - 23$
c) $x = (19 + z - y) : 2$ $y = 19 + z - 2x$
$z = 2x + y - 19$
d) $y = (21 + z - 12) : 2$ $z = 12 + 2y - 21$

280 a – 2; b – 4; c – 1; d – 3

281 a) 11 b) 9 c) 42 d) 83

282 a) $e = 86 - f$ b) $g = h + 2$ c) $x = (90 + y) :3$

283 c)

284 a) $1 < x < 4$ b) $x < 4$
c) $5 < x < 9$ d) $4 < x < 6$

285 a) $6 < x < 9$; L ={7, 8} b) $5 \leq x \leq 7$; L = {5, 6, 7}
c) $11 < x < 12$; L = {} d) $17 \leq x < 20$; L = {17, 18, 19}

286 a) $x < 4$ L = {1, 2, 3}
b) $a \leq 6$ L = {1, 2, 3, 4, 5, 6}
c) $a \leq 1$ L = {1}
d) $6 > x$ L = {1, 2, 3, 4, 5}

287 a) L = {4, 5, 6, 7, 8}
b) L = {2, 3, 4, 5, 6, 7, 8}
c) L = {9, 10, 11}
d) L = {15, 16, 17}

288 a) (1) b) zB $7 \cdot x = 28$

289 Man kann nicht zu 4x verschiedene Zahlen addieren und die gleiche Lösung erhalten.

290 b)

291 a) $x = 2\frac{1}{4}$ b) $x = \frac{5}{12}$ c) $x = 3$ d) $x = 1\frac{1}{20}$

292 a) $x = \frac{1}{4}$ b) $x = \frac{4}{15}$ c) $x = \frac{1}{12}$ d) $x = \frac{15}{28}$

293 a) N = G – E = 705 kg b) G = E + N
c) E = G – N

294 d)

295 a) b)

296 N … x N = 10 Jahre
T … x – 3 T = 7 Jahre
x + x – 3 = 17

297 a) x + x + 1 = 75
x = 37; gesuchte Zahlen: 37, 38
b) gerade Zahl + ungerade Zahl = ungerade Zahl
zB 4 + 5 = 9
ungerade Zahl + gerade Zahl = ungerade Zahl
zB 7 + 8 = 15

298 a) x + x + 1 + x + 2 = 75
3x = 72
x = 24
gesuchte Zahlen: 24, 25, 26
b) je nachdem
g + u + g → u u + g + u → g

299 d)

300 c)

301 a) x = 8 b) x = 41

302 a) d)

303 10 E + 15 K = 825 €

304 a = 12 m b = 4 m

305 Individuelle Lösungen, etwa:
(1) x + 4 = 7 (2) x – 2 = 1
(3) $x \cdot 5 = 15$ (4) x : 1 = 3

306 c) d) e)

307 a) x = 6 b) y = 56

308 a) a = 27 b) b = 5

309 44 Kinder machen den Rest aus.

310 x = 6 cm, y = 8 cm, z = 10 cm

311 $e = 2 \cdot f + 12$ f = (e – 12) : 2

312 a) 2 350 KWh $12 F + 2\,350 \cdot x$
b) Jahresstromkosten: Heizungspumpe, mehr kochen, Kekse backen, Badezimmerstrahler,…

Dreiecke 1 – Seite 68

313 a)

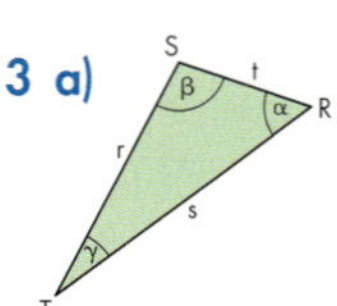

b)

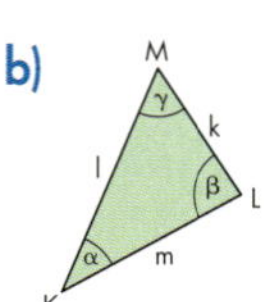

c)

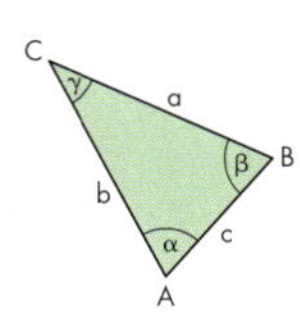

314 spitzwinkliges Dreieck: 2; 6; 8; 10
rechtwinkliges Dreieck: 1; 5; 9
stumpfwinkliges Dreieck: 3; 4; 7; 11

315 ungleichseitiges Dreieck: 2; 3; 5; 9; 11
gleichschenkliges Dreieck: 4; 6; 8; 10
gleichseitiges Dreieck: 1; 7; 12

316 a) 105° b) 66° c) 27° d) 72° e) 134° f) 27°

317 a)

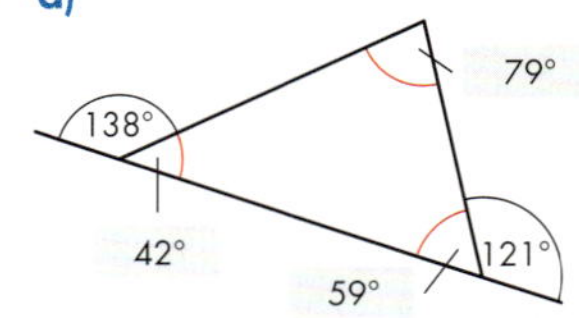

b)

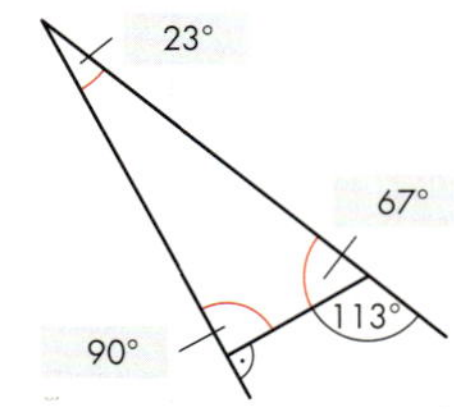

c)

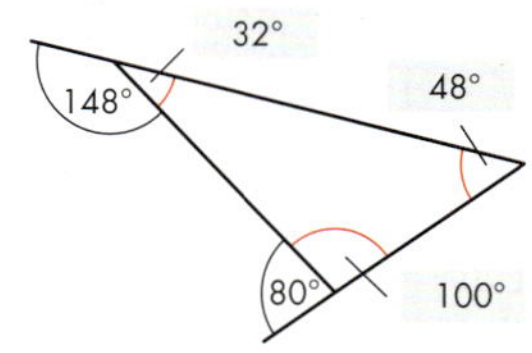

318 a) a = 98 mm b) a = 2 cm

319 a) γ = 34° b) gleichschenkliges spitzwinkliges Dreieck

320 a)

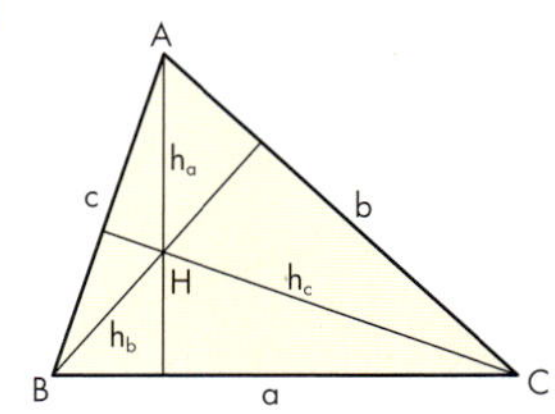

b)

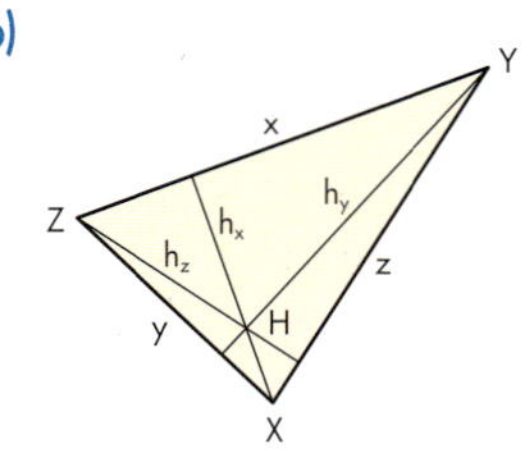

321 12 Dreiecke

322 Rechtwinklige: 6 Gleichschenklige: 3
Gleichseitige: 5 Gesamt: 14

323

	a)	b)	c)	d)
α	37°	54°	18°	34°
α_1	143°	126°	162°	146°
β	54°	44°	49°	41°
β_1	126°	136°	131°	139°
γ	89°	82°	113°	105°
γ_1	91°	98°	67°	75°

324

	$\alpha = 27°$, $\beta_1 = 104°$	$\alpha_1 = 141°$, $\gamma_1 = 132°$	$\gamma = 54°$, $\alpha_1 = 144°$	$\beta = 108°$, $\gamma_1 = 98°$	$\gamma = 39°$, $\beta_1 = 129°$	$\alpha_1 = 118°$, $\beta_1 = 137°$
spitzwinkliges Dreieck	x					x
rechtwinkliges Dreieck			x		x	
stumpfwinkliges Dreieck		x				
kein Dreieck				x		

Es ist kein Dreieck, da β + γ = 108° + 82° = 190° mehr als die Winkelsumme im Dreieck (180°) ergibt.

325 a)

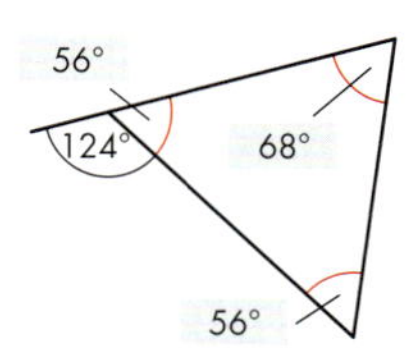

b)

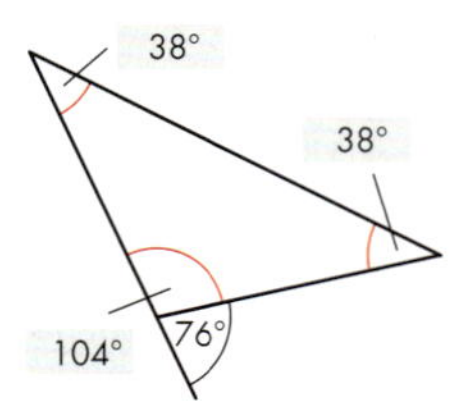

c)

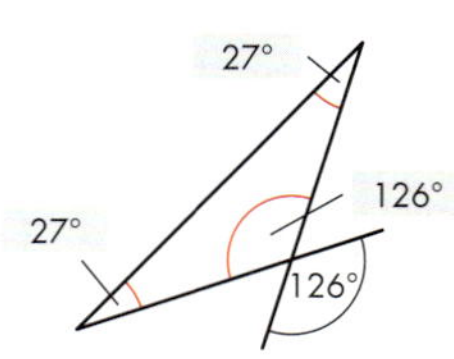

326 rechtwinklige und ungleichseitige Dreiecke

327 a) 1) kein Dreieck 2) Dreieck 3) kein Dreieck
4) Dreieck 5) kein Dreieck
b) 1) z. B.: c = 56 mm 3) z. B.: o = 128 mm
5) z. B.: s = 1,2 m

328 35° und 70°

329 a) 39° b) stumpfwinkliges Dreieck

330 a) $\alpha = 106°$; $\beta = 47°$ b) $\alpha = 64°$; $\beta = 26°$
c) $\alpha = 27°$; $\beta = 63°$

331 a)

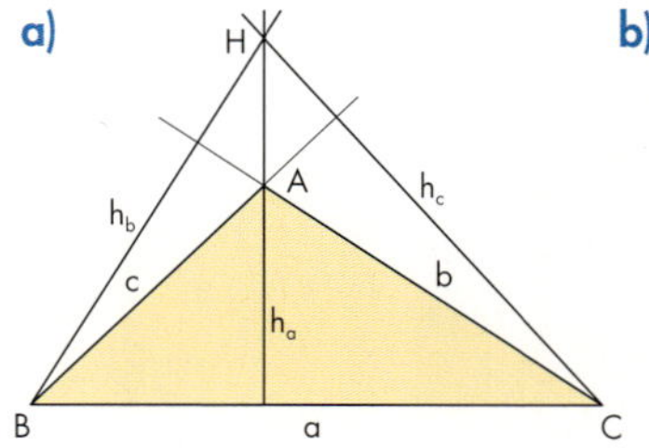

b)

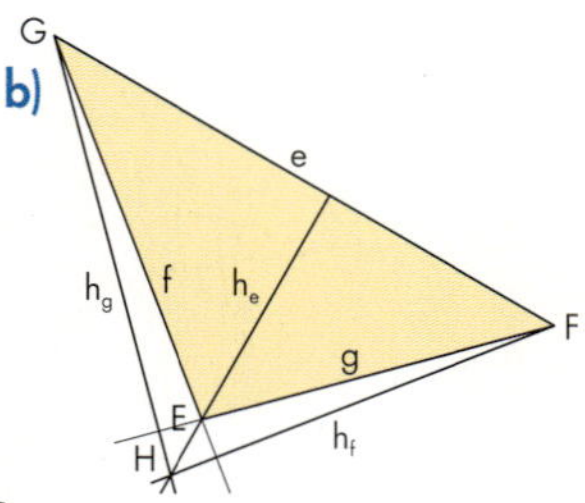

332 20 Dreiecke

Maße – Seite 72

333 a) 2 100; 70; 17 b) 7 000; 180; 6
c) 22 000; 900; 8 000

334 a) 1 700; 40; 58; 9 600 b) 2 000, 150; 3; 180
c) 22 000; 700; 5 000; 4 200

335 a) 300; 1 600; 92; 140 b) 500; 2 700; 70; 590
c) 900; 2 400; 30; 120

336 a) 4 500; 5 100; 700 b) 2 600; 3 400; 600
c) 1 800; 3300; 600

337 a) 1 600; 24; 240; 60 b) 360; 25; 4; 35
c) 800; 12; 52; 9

338 a) 60; 150; 36; 1 800 b) 180; 90, 24; 10 800
c) 240; 30; 48; 90

339 602 dag < 6 200 g < 6 kg 26 dag < 62 kg < 6,2 t

340 alle. Alle Lösungen stellen dasselbe Ergebnis in einer anderen Einheit dar.

341 3,08 dm < 38 cm < 3 m 8 mm < 3,8 m

342 5,01 m^2 < 5 m^2 10 dm^2 < 5 010 dm^2 < 51 m^2

343 49 kg < 49 005 g < 49 kg 5 dag < 4 950 dag

344

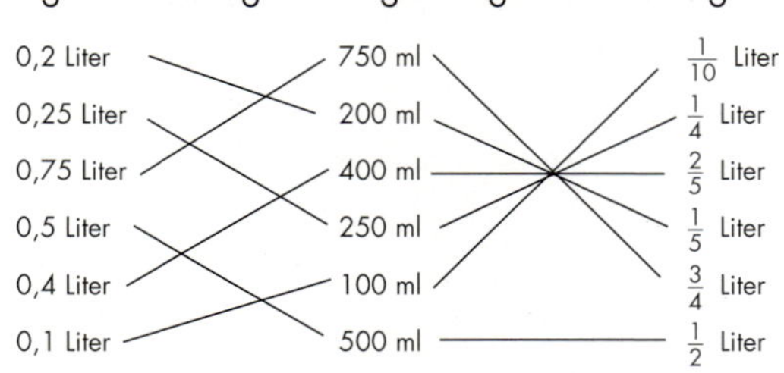

345 a) 98,1 m^2 b) Man bürstet mehrmals über die gleiche Stelle.

346 a) Malta und Zypern b) 32 426 km^2
c) 396 000 Einwohner d) 0,8 %

347 b) c) e)

348 a) 4 m 5 dm 1 cm; 8m 2 dm 4 cm; 3 km 750 m; 5 m 1 cm
b) 4 dm 7 cm 2 mm; 4 dm 2 cm; 5 km 700 m; 9 m 6 mm

349 a) 7 kg 47 dag; 7 t 100 kg; 40 dag 2 g
b) 8 t 357 kg; 370 kg; 14 dag 2 g

350 a) 7 a 80 m^2; 1 dm^2 34 cm^2; 2 m^2 70 dm^2 70 cm^2; 2 ha 6 a
b) 2 m^2 9 dm^2; 17 cm^2 20 mm^2; 1 km^2 90 ha; 8 dm^2 3 cm^2 20 mm^2

351 a) 6 m^3 300 dm^3; 5 cm^3 200 mm^3; 4 m^3 860 dm^3 23 dm^3 80 cm^3
b) 13 dm^3 30 cm^3; 7 cm^3 30 mm^3; 96 dm^3 13 cm^3; 2 m^3 7 dm^3

352 a) 2 964 m; 3,656 m; 28,38 Billionen km; 2 223 m; 1,828 m; 1,892 Billionen km
b) 3 704 m; 1,524 m; 1 107,4 m; 2 778 m; 3,048 m; 395,5 m

353 17.15 Uhr **354** ca 200 km

355 a) 5 dm 6 cm; 560 mm b) 247 dag; 2 470 g

356 a) 0,45; 63; 820 b) 5 200; 0,7; 0,225

357 Er hätte etwa 20 Mal darin Platz.

358

	als Dezimalzahl	in kleinster Einheit	als Bruchzahl	mehrnamig
a)	2,39 m^2	239 dm^2	$2\frac{39}{100}$ m^2	2 m^2 39 dm^2
b)	34,09 kg	3 409 dag	$34\frac{9}{100}$ kg	34 kg 9 dag
c)	0,208 m	208 mm	$\frac{208}{1000}$ m	2 dm 8 mm

359 Sven – Thomas – Ali – Jakob

360 b)

361 a) 600; 750; 2,5 b) 25; 750; 250
c) 250; 2,5; 125 000

362 a) 60; 150; 1 250; 1 125
b) 600; 15; 75; 375 c) 1 750; 2 500; 750; 2 375

363 a) 25; 20; 150; 112,5 b) 25; 75; 150; 11 250
c) 25; 75; 150; 1 250

364 a) 15; 20; 50; 40 b) 15; 20; 70; 30
c) 75; 140; 10; 102

365 a)

366 a) 5 h 18 min b) 5 h 34 min
c) 2 h 19 min

367 14 400 m^2; 240 000 m^2

368 a) 165 cm b) 16,5 cm

369 a) 1 650 kg b) 1,65 kg

370 b)

371 180°; 90°; 157,5°; 157,5°; 180°; 225°; 45°; 112,5°

372 Milan gewinnt. c) d) a) b)

373 a) 36 km/h b) 27,8 m/s c) 1 234,8 km/h

374 a)

Wanderfalke	89,4 m
Taube	44,4 m
Gepard	30,6 m

Fächerfisch	30,5 m
Schwertwal	25 m
Gabelbok	24,4 m

b) 1. Vögel, 2. Wassertiere, 3. Landtiere

Proportionalitäten – Seite 78

375 a) 8; 56; 8 b) 3; 15; 10
c) 12; 14,40; 20 d) 4; 12; 18

376 Die Fördermenge beträgt 1 903,2 Liter Öl.

377 a) 94 080 kg b) Jeder der 4 Arbeiter müsste pro Tag 3 Stunden länger arbeiten.

378 32 Minuten **379** 18; 9; 27; 45; 81

380 42 507 000 km **381** 30 €

382 Nach 4 Tagen kann das Projekt abgeschlossen werden.

383 3 Tage werden für die gleiche Arbeit benötigt; indirekt prop.

384 b) 8 m

385 a) mehr b) schlechter c) mehr d) mehr

386 a) 15; 5; 30; 40; 18; 14
b) 2,4; 4; 4; 6,4; 7; 10
c) 12; 8; 36; 42; 9; 10
d) 2,4; 40; 7,2; 8,4; 100; 200

387 individuell, zB 7 kg Tomaten kosten 21 €. Berechne den Preis für 350 kg. 350 kg Tomaten kosten 1 050 €.

388 a) 53,504 Liter Benzinbedarf und 77,05 € Benzinkosten
b) Abnützung, Anschaffung, Servicekosten,…

389 c) 80 Tonnen Hektarertrag

390 individuell, zB a) mehr Wasser muss bereitgestellt werden. b) besser wird die Note. c) schneller wird das Feld abgeerntet sein. d) weniger muss ich bezahlen.

391 72 kg; 24 kg Zucker ergibt 48 Packungen.

392 4 m; 48 m; 4,8 m; 8 m; 3 m Vorschlag: 2 m mal 24 m

393 a) 150 Tage b) Maßnahmen: Dämmung, Thermostatventile, richtiges Lüften, Nachtabsenkung

394 a) C; A enthält die Hälfte von C, kostet aber mehr als die Hälfte. b) Großpackungen verleiten dazu, mehr zu kaufen als man braucht; verleiten zum Verschwenden; Teile verderben…

395 a) 37,5 min bei 80 km/h b) 25 min bei 120 km/h

396 a) 25 min bei 60 km/h b) 15 min bei 100 km/h

397 66 800 000 Liter

398 b) 56,633 Meter. Die vorgeschlagene Rechnung berechnet die Summe, nicht die Differenz der Höhenmeter.

399 alle direkt prop.

400 a) Die Grafik zeigt, dass pro Stunde 800 l in ein Becken gefüllt werden.
b) zu Beginn … 0 Liter, nach 9 Stunden … 7 200 Liter
c) 800, 1600, 2 400, 3 200, 4 000, 4 800, 5 600, 6 400 Liter d) Direkte Proportionalität
e) Nein, da Florian das Gesamtvolumen des Beckens nicht kennt.

401 Etwa 83 Fahrzeuge fahren pro min auf die Brücke.

402 a) 127,2 km² b) nein, viel zu schmal

Dreiecke 2 – Seite 84

Alle Zeichnungen sind verkleinert dargestellt.

403 a)

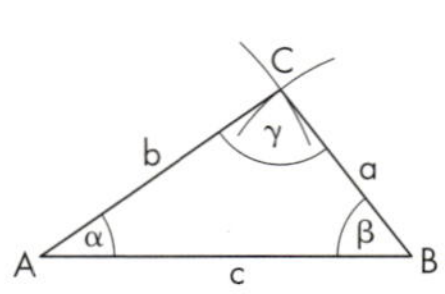

b)

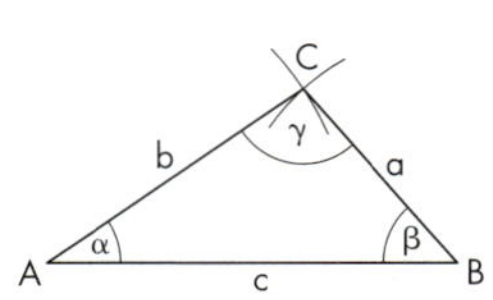

404

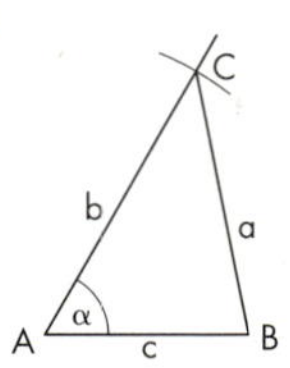

405

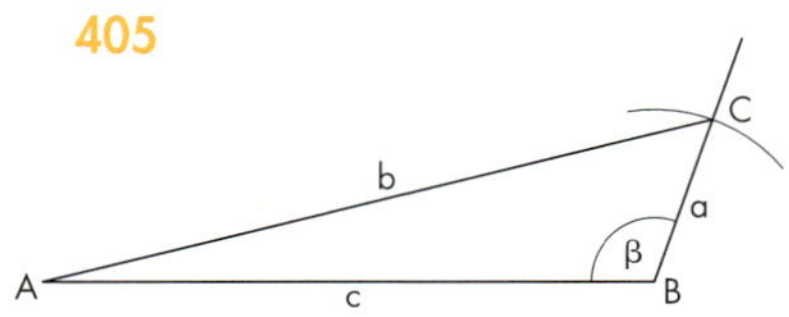

406

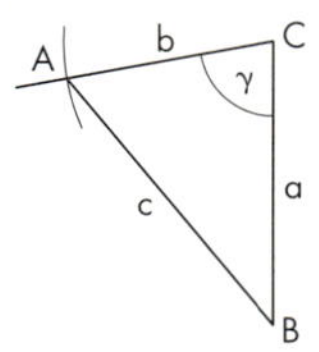

407 Der dritte Winkel beträgt 60°.

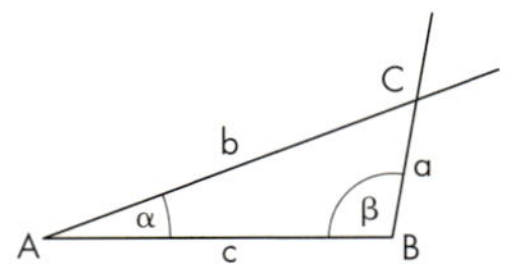

408 Es ist ein rechtwinkliges Dreieck.

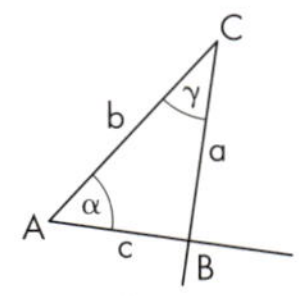

409

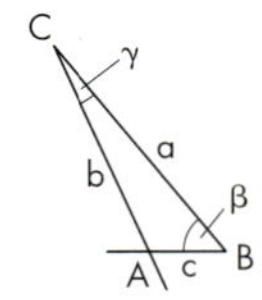

410

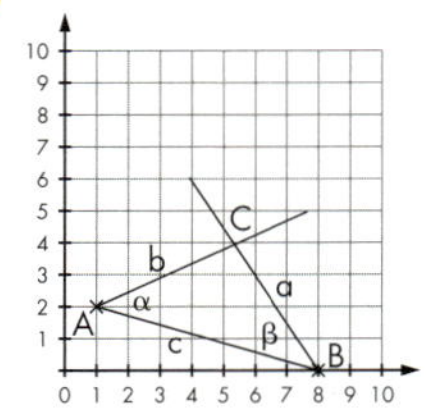

411

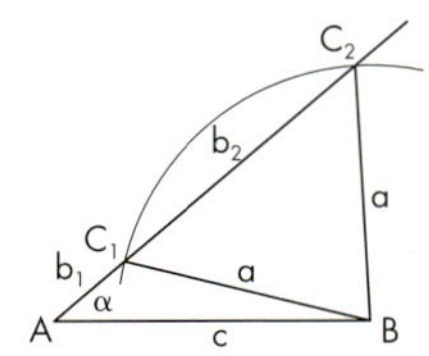

Der Punkt C hat ungefähr die Koordinaten (5,3/3,9).

412

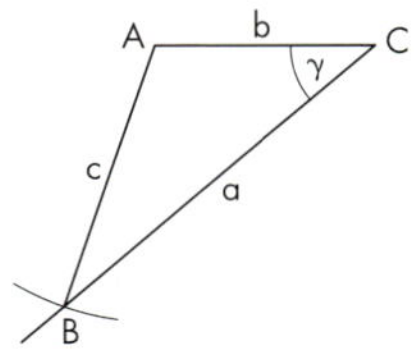

413 Der Punkt B hat ungefähr die Koordinaten (9,5/1,8)

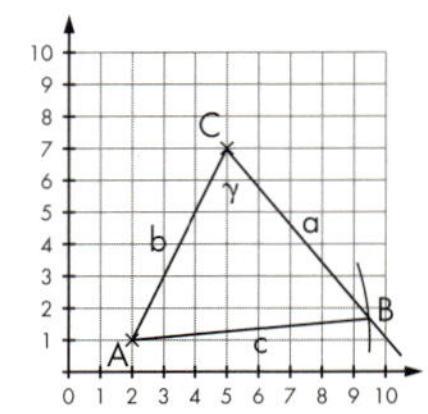

414

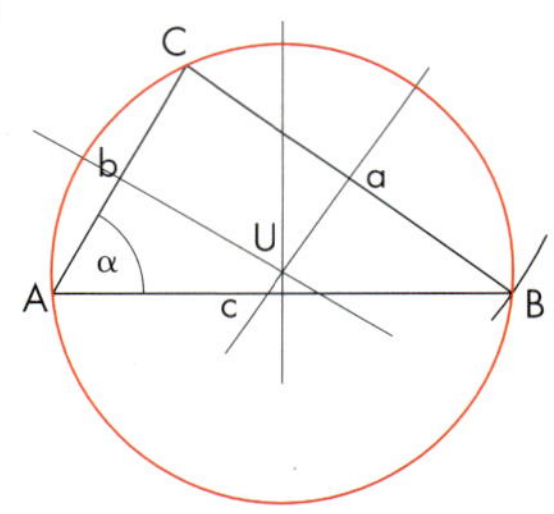

415 U hat die Koordinaten (4,3 / 3,2) .

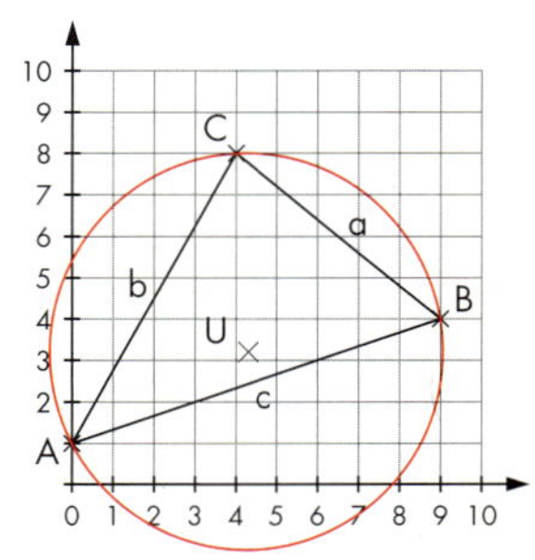

416 Er liegt außerhalb des Dreiecks.

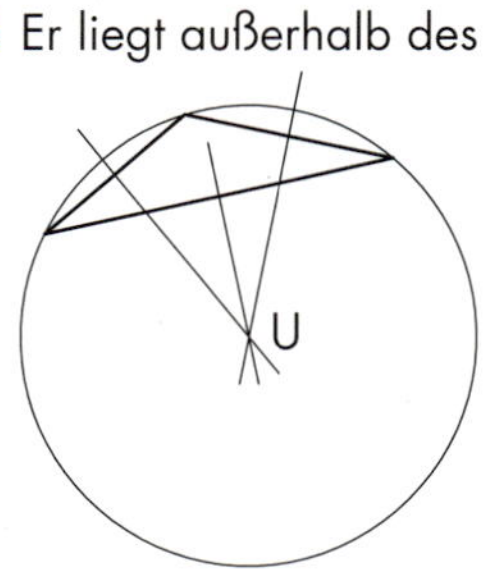

417

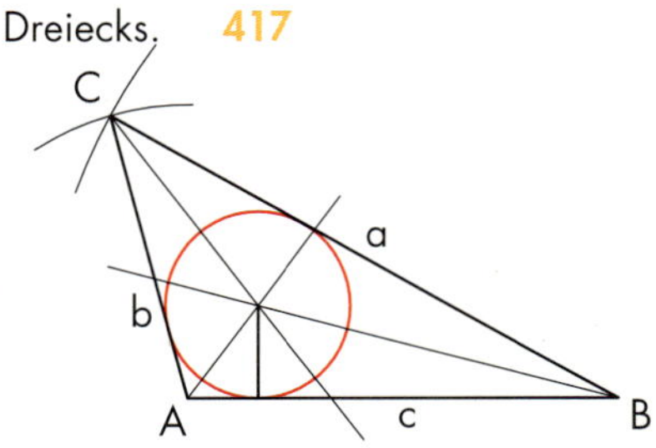

418 individuell
zB

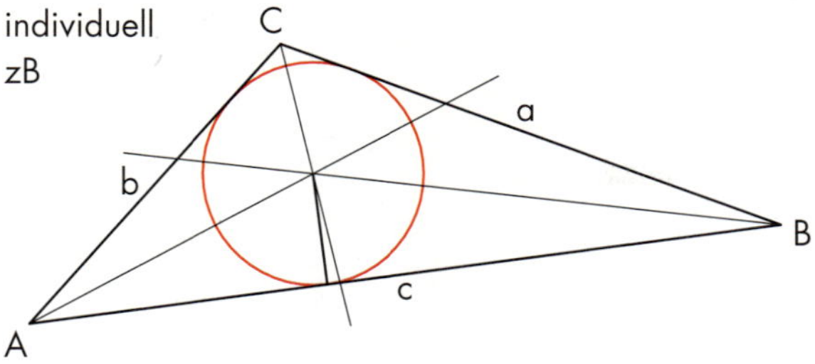

419 Der Steigungswinkel α beträgt 7°.

420

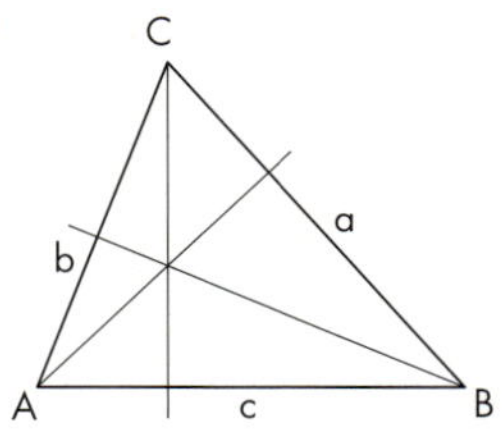

421 Ja! Die drei Punkte liegen auf einer Geraden.

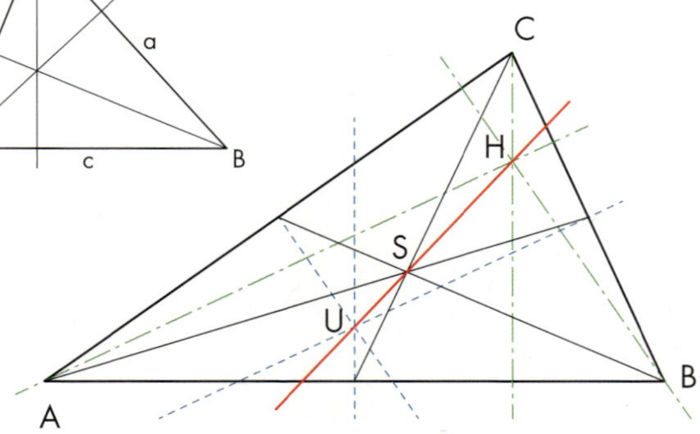

Statistische Aufgaben – Seite 92

422 32 Noten insgesamt.

Note	Absolute Häufigkeit	Relative Häufigkeit
1	7	0,22
2	11	0,34
3	7	0,22
4	5	0,16
5	2	0,06

b)

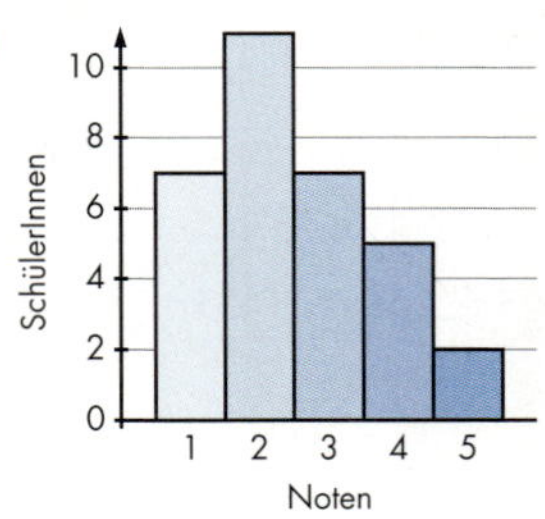

c) Winkelangaben gerundet: 1: 79°; 2: 124°; 3: 79°; 4: 56°; 5: 23°

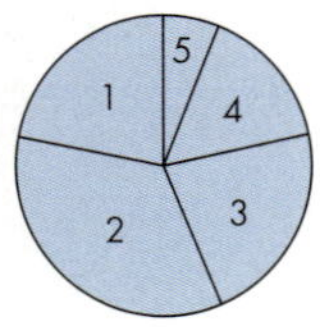

423 a)

2A	Absolute Häufigkeit	Relative Häufigkeit
Pizza	5	0,21
Hamburger	4	0,17
Pasta	8	0,33
Pommes	6	0,25
Schnitzel	1	0,04

2B	Absolute Häufigkeit	Relative Häufigkeit
Pizza	3	0,15
Hamburger	1	0,05
Pasta	7	0,35
Pommes	5	0,25
Schnitzel	4	0,20

b) Die Ernähurngsweise beider Klassen ist sehr ähnlich. Gesunde Lebensmittel: Obst, Gemüse, Fisch, …

424 1:5; 2:5; 3:5; 4:3; 5:7; 6:5

425 **a)** 56 Jugendliche entsprechen ca. 202°; 12 Pensionisten ca. 43° und die 32 Berufstätigen ca. 115°.
b) Weil die Jugendlichen den größten Anteil ausmachen.

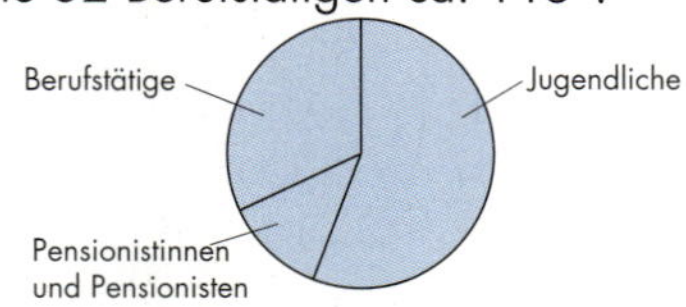

426

Tätigkeit	Absolute Häufigkeit	Relative Häufigkeit
Büro	220	0,18
Außendienst	480	0,40
Produktion	500	0,42

427

Tierart	Winkel	Absolute Häufigkeit	Relative Häufigkeit
Raubtiere	90°	0,25	50
Vögel	60°	0,17	33
Reptilien	45°	0,13	25
Paarhufer	165°	0,46	92

b) Nein, da Paarhufer und Raubtiere beide viel Auslauf brauchen.

428

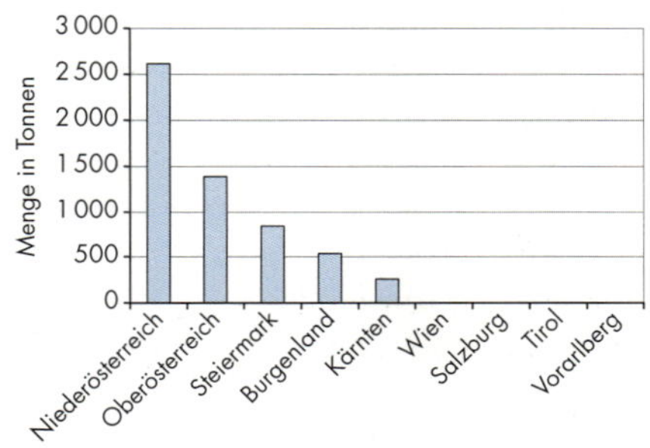

429 Die Erntemenge im Jahr 2011 war die größte seit 1975. Im Jahr 1995 gab es geringere Ernteerträge, die seither aber wieder ständig steigen. Für 2012 erwarteten die Bauern einen Ernterückgang.

430

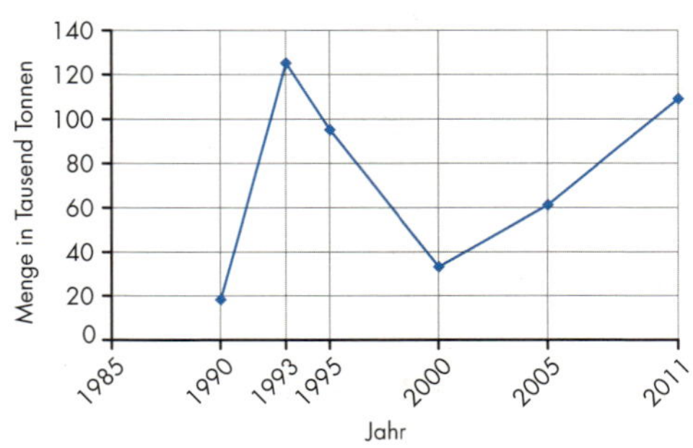

Vierecke 1 – Seite 96

431 Beschriftung der Ecken und Seiten entgegen dem Uhrzeigersinn; a = AB; b = BC; c = CD; d = AD; $\alpha = \sphericalangle DAB$; $\beta = \sphericalangle ABC$; $\gamma = \sphericalangle BCD$; $\delta = \sphericalangle CDA$.

432 alle richtig

433 Individuelle Lösungen

434 allgemeines Viereck

435 b), c) und d)

436

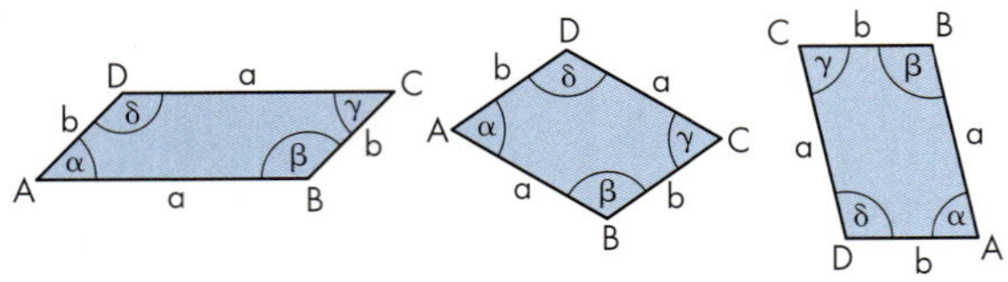

437 a) Rechteck b) Raute c) Parallelogramm
d) Quadrat

438 siehe Skizze

439

Symmetrieachsen	0	1	2	4
Quadrat				x
allgem. Parallelogramm	x			
Raute			x	
Rechteck			x	

440 Raute

441 Alle Seiten sind gleich lang.
Die Diagonalen stehen aufeinander normal und halbieren einander. Sie bilden die Symmetrieachsen.
Der Schnittpunkt der Diagonalen M ist der Inkreismittelpunkt.

442 individuell

443 a)

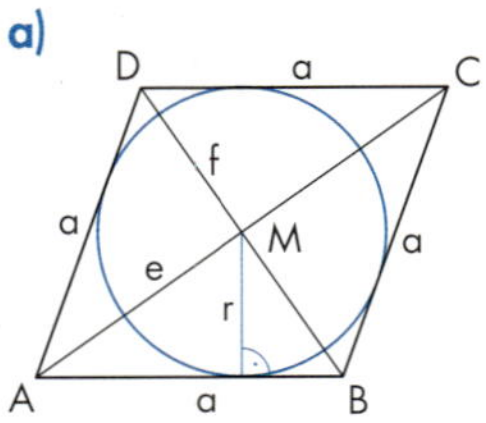

b)

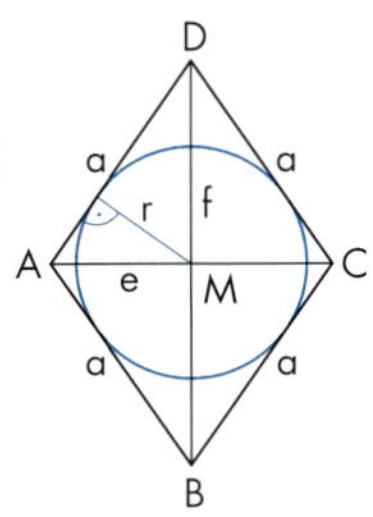

444 z. B. a) $\beta = 105°$ b) e = 10 cm c) $\alpha = 138°$

445

	Umfangsformel	u
a)	u = (a + b) · 2	19,2 cm
b)	u = (a + b) · 2	15,2 cm
c)	u = a · 4	27,2 cm
d)	u = s · 4	2,6 m

446 a) D(8/6) b) B(2/0) **447** 28

448 $\beta = 130°$

449 a) Skizze:
b) e ist kürzer als f.

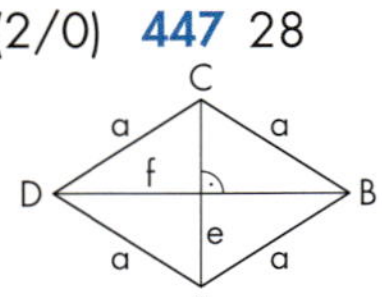

450 a) f b) f c) r d) r

451 I = U = M **452** A = 21 cm²

453 u = 15,2 cm; A ≈ 13,92 cm²

454 a) f b) f c) r d) r

Prozentrechnung – Seite 102

455

	1 % von	2 % von	10 % von	25 % von	50 % von	75 % von
100	1	2	10	25	50	75
28	0,28	0,56	2,8	7	14	21
40	0,4	0,8	4	10	20	30
80	0,8	1,6	8	20	40	60
200	2	4	20	50	100	150

456 1 … 32 % 2 … 28 %
3 … 16 % 4 … 24 %

457 c) 63,92 € **458** a) 116,10 €

459 Das sind 900 m².

460 a) 100; 14; 200 b) 450; 210; 15
c) 150; 60; 300

461 b) 46,8 hl

462 Partei A … 18 % Partei C … 15 %
Partei B … 35 % Partei D … 32 %

463

100 %	1 %	2 %	10 %	25 %	50 %	75 %
60	0,6	1,2	6	15	30	45
500	5	10	50	125	250	375
400	4	8	40	100	200	300
120	1,2	2,4	12	30	60	90
300	3	6	30	75	150	225

464 Es müssen 18 943,20 € bezahlt werden.

465

100 %	10 %	1 %	50 %	25 %	75 %
500 €	50 €	5 €	250 €	125 €	375 €
40 kg	4 kg	0,4 kg	20 kg	10 kg	30 kg
280 m	28 m	2,8 m	140 m	70 m	210 m
800 €	80 €	8 €	400 €	200 €	600 €

466 a) 199,20 € **467** 817 €

468 Die Gesamtstrecke beträgt 5 352 km.

469 Skonto: Preisnachlass, zB bei rascher Zahlung
Mehrwertsteuer: Steuer auf alle Waren und Dienstleistungen, üblicherweise 10 % oder 20 %
Rabatt: Preisnachlass, zB bei größeren Mengen
Prozent: der hundertste Teil, ein Hundertstel
Promille: der tausendste Teil, ein Tausendstel

470 a) c) **471** a) d)

472 a) 288 Ziegel **473** b) 18 000 €

474 31,50 € **475** 128,25 €

476

	50 €	80 €	15 €	20 m	140 kg	300 m²	12 cm
10 %	5 €	8 €	1,5 €	2 m	14 kg	30 m²	1,2 cm
20 %	10 €	16 €	3 €	4 m	28 kg	60 m²	2,4 cm
60 %	30 €	48 €	9 €	12 m	84 kg	180 m²	7,2 cm
30 %	15 €	24 €	4,5 €	6 m	42 kg	90 m²	3,6 cm

477 a) 1 210 € **478** 3 000 €

479 a) G = 782 p = 45 W = 351,9
b) G = 450 p = 17 W = 76,5

480 13,2 %; 4,2 %; 23,6 %; 16,4 %; 15,1 %; 27,5 %

481 a) c)

482 a) Der Händler muss 72 590 € bezahlen.
b) Klara müsste mit 0,15 multiplizieren und das Ergebnis von 85 400 subtrahieren.

483 Der Preisunterschied beträgt 1,20 USD.

484 Landwirtschaftliche Fläche… 26 335,5 km²
Waldfläche … 36 232,3 km²
Alpen … 8 638,7 km²
Gewässer … 1 425,8 km²
Sonstiges … 11 238,7 km²

485 a) 6 % b) 163,20 €

486 Jonas: 18 € Kevin: 18,20 € Kevin erhält um 20 Cent mehr.

Vierecke 2 – Seite 108

487 Trapez
1) Zwei Seiten sind parallel.
2) Nicht parallele Seiten heißen Schenkel.
3) Die Winkelsumme beträgt 360°.
4) Winkel, die einem Schenkel anliegen, sind supplementär.

488 **a)** **b)** **c)**

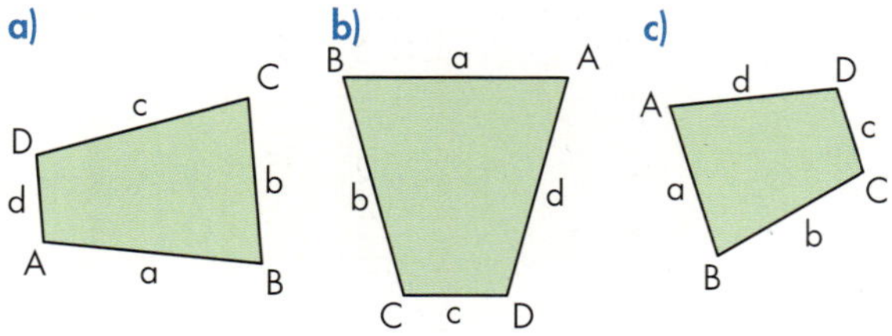

489 **a)** a ll c **b)** a ll c

490 **a)** $\gamma = 108°$ $\delta = 145°$
b) $\beta = 70°$ $\delta = 117°$
c) $\gamma = 45°$ $\delta = 45°$

491 a), c)

492 $\gamma = 108°$; $\delta = 135°$

493

	α	β	γ	δ
a)	45°	67°	113°	135°
b)	75°	48°	132°	105°
c)	95°	75°	105°	85°

494 c) **495** d)

496 **a)** **b)** **c)** **d)**

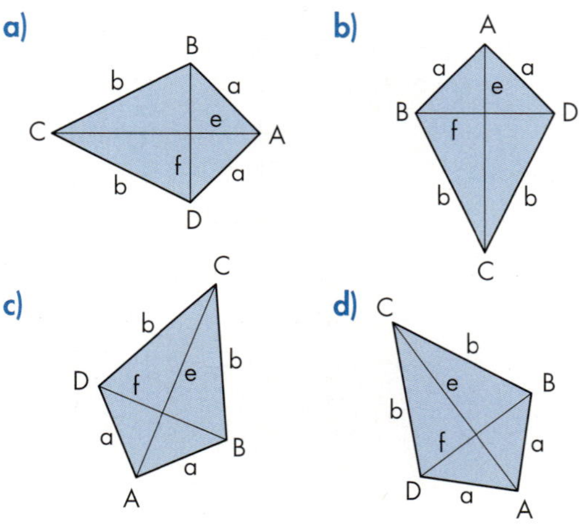

497 individuell **498** **a)** D(2/4) **b)** B(6/6)

499 **a)** Quadrat **b)** Deltoid **c)** allgemeines Viereck

500

	Umfangsformel	Umfang
Quadrat	u = s · 4	14,4 cm
Deltoid	u = (a + b) · 2	23 cm
Rechteck	u = (a + b) · 2	12 cm
Trapez	u = a + b + c + d	20,4 cm

501 I = Schnittpunkt der Winkelsymmetralen

502 **a)** r **b)** f **c)** f **d)** r

Körper – Seite 112

503 **a)** Zylinder **b)** Kegel **c)** Würfel **d)** Quader
e) quadratische Pyramide **f)** Kugel

504 **a)** rechteckig **b)** trapezförmig (liegend) **c)** rechteckig
d) dreiseitig **e)** quadratisch **f)** sechsseitig

505 V = 343 cm^3 O = 294 cm^2

506 **a)** 2 **b)** 1 **c)** 4 **d)** 3

507 **a)** li-ob **b)** re-ob **c)** re-un **d)** li-un

508 **a)** V = 42,865 dm^3 **b)** V = 37,076 dm^3
V a) ist größer

509 V = a · b · h O = 2 · (a · b + a · h + b · h)
V = 13 860 cm^3 O = 3 592 cm^2

510 **a)** 1,5 dm^3 0,084 m^3 **b)** 3 800 cm^3 1,2 hl
c) 0,45 hl 7,2 l

511 Grundfläche und Deckfläche
Mantel 6; 9; 5

512

	Benennung	Ecken	Kanten	ebene Begrenzungsflächen	gekrümmte Begrenzungsflächen
a)	dreiseitiges Prisma	6	9	5	0
b)	dreiseitiges Prisma	6	9	5	0
c)	Drehkegel	0	1	1	1
d)	Quader	8	12	6	0
e)	trapezförmiges Prisma	8	12	6	0
f)	quadratische Pyramide	5	8	5	0

513 1; 3 **514** 2; 3

515 **a)** dreiseitiges Prisma **b)** trapezförmiges Prisma
c) dreiseitige Pyramide

516 **a)** ja **b)** Kopfschmerzen, Unkonzentriertheit, Müdigkeit,…

517 **a)** 3 **b)** 9

518 **a)** 7 **b)** 4 **c)** 1

519 **a)** 25 dm **b)** 50 Stunden

520

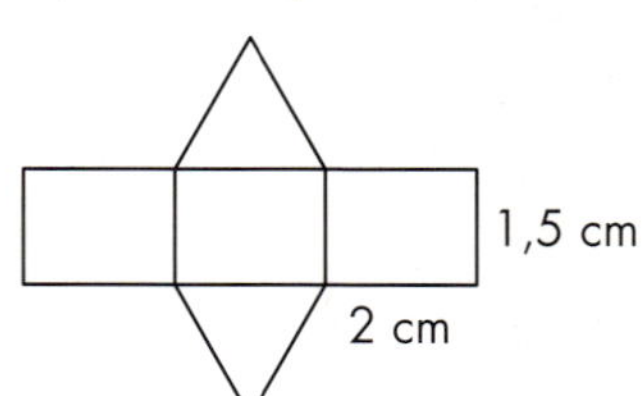

521 2; 1

522 **a)** r **b)** f **c)** r **d)** r **e)** f **f)** r

523 Holz: 3,36 kg; Styropor: 192 g; Eisen: 37,68 kg;
Gold: 92,64 kg; Aluminium: 12,96 kg

524 Ruhezustand – 3 Stunden: 1 800 Liter
Sport – 30 Minuten: 1 050 Liter

525 4 Ecken, 6 Kanten O = 94,72 cm^2

526 Tetraeder, Hexaeder, Oktaeder, Ikosaeder, Dodekaeder

527 (1) 793,8 g (2) 306 g (3) 1 749,6 g
größte Masse: Körper 3 geringste Masse: Körper 2

528 **a)** f, r, f, f **b)** r, r, f, r

529 **a)** r **b)** f **c)** r **d)** r

$a \mid b$	a ist ein Teiler von b
$a \nmid b$	a ist kein Teiler von b
$=$	gleich
$\neq$	ungleich
$a + b = b + a$	Kommutativgesetz oder Vertauschungsgesetz
$(a + b) + c = a + (b + c)$	Assoziativgesetz oder Verbindungsgesetz
ggT	größter gemeinsamer Teiler
kgV	kleinstes gemeinsames Vielfaches
$\mathbb{N} = \{0, 1, 2, 3, \ldots\}$	Menge der natürlichen Zahlen
$<$	kleiner (als)
$\leq$	kleiner oder gleich
$>$	größer (als)
$\geq$	größer oder gleich
$\approx$	rund, etwa, annähernd gleich
$\lvert a \rvert$	Betrag von a
%	Prozent
‰	Promille
G	Grundwert
W	Prozentwert
p	Prozentsatz

$A\,(x/y)$	Punkt A mit den Koordinaten x und y
M 1 : x	Maßstab 1 zu x
$\triangleq$	entspricht
$\cong$	kongruent (deckungsgleich)
$\parallel$	parallel
$\perp$	normal auf, rechtwinklig zu
⊾	rechter Winkel
AB	Strecke AB
$\overline{AB}$	Länge der Strecke AB
$\triangle ABC$	Dreieck ABC
∢ ABC	Winkel zwischen den Punkten A, B, C (B ist Scheitel)
∢ (e,f)	Winkel zwischen den Geraden (oder Strecken) e und f
$h_a\ (h_b,\ h_c)$	Höhe im Dreieck auf die Seite a (Seite b, c)
A	Flächeninhalt
u	Umfang
V	Volumen
O	Oberfläche
M	Mantel
G	Grundfläche